城市生态文明建设

CHENGSHI SHENGTAI WENMING JIANSHE

环境保护部环境与经济政策研究中心 编著

中国环境出版社·北京

图书在版编目（CIP）数据

城市生态文明建设/环境保护部环境与经济政策研究
中心编著. —北京：中国环境出版社，2015.3
ISBN 978-7-5111-2353-4

Ⅰ. ①城…　Ⅱ. ①环…　Ⅲ. ①城市—生态文明—
文明建设—研究—中国　Ⅳ. ①X321.2

中国版本图书馆 CIP 数据核字（2015）第 074094 号

出 版 人　王新程
责任编辑　周艳萍　宋慧敏
责任校对　尹　芳
封面设计　彭　杉

出版发行　中国环境出版社
　　　　　（100062　北京市东城区广渠门内大街 16 号）
　　　　　网　　址：http://www.cesp.com.cn
　　　　　电子邮箱：bjgl@cesp.com.cn
　　　　　联系电话：010-67112765（编辑管理部）
　　　　　　　　　　010-67112738（管理图书出版中心）
　　　　　发行热线：010-67125803，010-67113405（传真）
印　　刷　北京中科印刷有限公司
经　　销　各地新华书店
版　　次　2015 年 4 月第 1 版
印　　次　2015 年 4 月第 1 次印刷
开　　本　787×1092　1/16
印　　张　10.75　彩插 2
字　　数　245 千字
定　　价　35.00 元

《城市生态文明建设》编委会

前　言

　　城镇化是人类社会发展的必然趋势，也是现代文明进步的重要标志。30 多年来，中国的城镇化取得了快速进展，但也带来了一系列严重的环境资源问题。主要表现为城镇空间快速扩张造成的土地浪费严重；资源高消耗引发的环境压力巨大；城镇发展面临的生态压力日渐加大；各种环境污染危及公众健康。各种"城市病"的存在，使中国的城市发展与城镇化推进面临着严峻的挑战。

　　2013 年底的中央经济工作会议提出"要把生态文明理念和原则全面融入城镇化全过程，走集约、智能、绿色、低碳的新型城镇化道路"。《国家新型城镇化规划（2014—2020 年）》明确提出了新型城镇化应坚持优化布局、集约高效、生态文明、绿色低碳的原则。把生态文明理念全面融入城镇化进程，着力推进城市的绿色发展、循环发展和低碳发展，是彻底解决"城市病"、全面推进新型城镇化、加快城市生态文明建设的必由之路。

　　《城市生态文明建设》作为生态文明建设系列教材的第二个主题，紧密结合新型城镇化和生态文明的主要内容，由环境保护部环境与经济政策研究中心组织编写。全书分为两大部分，共六章。前两章为第一部分，侧重介绍城市与城镇化的基础理论与国内外实践案例。第一章城市与城镇化，以城市历史发展为线索，从分析城镇化发展面临的问题与挑战出发，阐述了新型城镇化中生态文明建设的途径；第二章绿色城市建设，概括介绍了绿色城市的内涵、思想演变过程，运用大量案例重点展现了国外相关绿色城市建设的经验，重点介绍了国内外优化城市空间格局的理论与实践。第二部分围绕当前城市建设中面临的突出环境问题，分别设置城市空气质量管理、城市水环境管理、城市固体废物管理、污染场地治理与修复四个章节，重点阐述了问题与现状、国内外经验以及综合性的管理对策。

由于编者水平有限，书中恐有错误或不妥之处，衷心希望广大读者批评指正。

编写组

2015 年 2 月

目　录

第一章　城市与城镇化[①]

　　城市是人类文明的结晶，是社会进步的标志。城镇化是世界社会经济发展的大趋势，是国家现代化的重要标志之一。城镇化既是人口、生产要素在区域空间合理积聚的过程，又是人类对自然环境进行人工改造的过程。改革开放以来，我国城市建设及城镇化进程进入快速发展阶段。在我国城镇化取得巨大成就的同时，也存在着城镇无序发展、城区盲目扩张、城市建设开发强度过大、城镇发展的资源环境"瓶颈"制约日益加剧、环境基本公共服务供求矛盾日益凸显、城市环境质量下降等问题。雾霾等重污染天气、重金属污染、城市饮用水安全、"垃圾围城"等环境事件不断发生，直接影响到经济社会发展和人民群众的生产生活，甚至威胁到社会稳定和国际形象。这些问题如果应对不当，城市环境问题治理起来将更加复杂而艰巨。将环境保护要求融入新型城镇化战略全局和全过程，积极推动城市环境管理的战略转型，防范城镇化发展的布局性风险，为新型城镇化提供环境支撑和生态安全保障，既是新型城镇化的应有之义，也是生态文明建设的具体实践途径。

第一节　城市的产生与定义

一、城市的出现

　　城市是生产力发展到一定阶段的产物，是伴随着私有制和阶级分化，在原始社会向奴隶制社会过渡时期出现的。最早的城市已经有 5 000 多年的历史。据考古发掘，世界上最早的城市是公元前 3200 年左右建于尼罗河下游最南端的孟斐斯城。公元前 3000—1500 年，是世界上城市产生的主要时期。在两河流域、尼罗河流域、印度河流域和黄河流域等四大古文明发源地，城市不断出现并蓬勃兴盛起来。

　　城市的产生源于商品经济的产生、人口的集中，城市的发展有赖于分工的细化、贸易的发展。从历史的角度看，城市的出现与人类的两大活动密切相关：一是聚居，一是商品交换。从汉语的字义来看，"城"与"市"体现了居民点（也有人称之为聚落）的两种不同职能。"城"是以武器守卫土地的意思，是一种防御性的构筑物。"市"是一种交易的场

① 本章作者：彭飞，李宗尧。

所。《周易》说："日中为市，致天下之民，聚天下之货，交易而退，各得其所。""市"表现为经济的职能。但是有防御墙垣的居民点并不都是城市，有的村寨也设防御的墙垣。商业交换职能是城市最本质的特征。城市与农村的区别，主要是产业结构，也就是居民从事的职业不同，还有居民的人口规模、居住形式的集聚密度。

原始社会初期，生产力水平低下，人类活动以简单的采集、渔猎、游牧为主，过着维持生存、居无定所的流动生活，逐水草而居，居住多以穴居、树居等群居形式为主。随着生产力水平的进一步提高，人类对植物和动物进行了培育和驯化，在产业上出现了种植业和畜牧业，在劳动上出现人类的第一次劳动大分工。生产能力的提升，特别是种植水平的提高，为人类的固定生活提供了可能。到新石器时代的后期，逐渐产生了固定的居民点。农业社会，经济技术水平不高，气候、土地、水等自然条件依然是制约人类生产和居住地选择的重要因素。自然条件优越的平原、河流地区，是早期居民点和城镇出现的地区。例如，我国的黄河中下游、埃及的尼罗河下游、西亚的两河流域都是古代农业发达地区，世界最早的城市也出现在这些地区。居民点选址大都靠近河流、湖泊等淡水水源丰富的地区。为了适应气候和防范洪涝风险，大多建在向阳的河岸台地上。为了防御野兽的侵袭和其他部落的袭击，居民点外围通常建有壕沟、围墙及栅栏。这些沟、墙是一种防御性构筑物，也是城池的雏形。

随着农业的发展，剩余粮食的增多，生活需求的多样化，逐渐出现一些专门的手工业者，手工业和商业从农业中逐步分离出来，人类社会出现第二次劳动大分工。居民点的产业功能发生相应分化，形成了以农业为主的农村（也叫村庄）和以商业和手工业为主的城镇。

二、城镇的定义与标准

世界上大多数国家都存在村庄—镇—城市这样的居民点序列。国外的"城"（city）与"镇"（town）的区别主要在人口规模。中国的"城"与"镇"原本有严格的区别。中国的"镇"的名称最初出现于公元 4 世纪北魏时代，专指小型军事据点。到了宋代，镇才摆脱了军事职能，以贸易镇市出现于经济领域，成为县治和农村集市之间的一级商业中心。近现代，镇演变为一级行政单元，起着联系城乡经济纽带作用的较低级的城镇居民点（许学强等，1996）。我国《城乡规划法》中将城市定义为"国家按行政建制设立的直辖市、市、镇"。按照行政建制设立的镇，需经省、自治区、直辖市人民政府批准才可设立，也称建制镇。1984 年，我国人民政府对设镇条件进行了调整：县级政府所在地和非农业人口占全乡总人口 10%以上、其绝对数超过 2 000 人的乡政府驻地。我国的集镇是指乡、民族乡人民政府所在地和经县级任免政府确认由集市发展而成的作为农村经济、文化和生活服务中心的非建制镇，是介于乡村和城市之间的过渡型居民点。

1984 年，我国民政部对设镇进行了调整。建制镇即"设镇"，是指经省、自治区、直辖市人民政府批准设立的建制镇。是指国家按行政建制设立的镇。建镇基本条件是：县级政府所在地和非农业人口占全乡总人口 10%以上、其绝对数超过 2 000 人的乡政府驻地。

我国的集镇是指乡、民族乡人民政府所在地和经县级人民政府确认由集市发展而成的作为农村经济、文化和生活服务中心的非建制镇，是介于乡村与城市之间的过渡型居民点。

目前，世界上还没有统一的城镇定义和标准。各国根据各自社会经济的特点，制定了不同的城镇定义标准。尽管如此，各国对现代城镇的定义都包含三个本质特征：产业构成、人口数量和职能。具体地说，城镇是以从事非农业活动人口为主体的居民点，在产业构成上不同于村庄；相对于村庄，城镇一般聚居更多的人口，城镇一般是工业、商业、交通和文教的集中地，是一定地域的政治、经济和文化中心（吴志强等，2010）。此外，城镇一般具有人口、建筑密度大、绿色空间少等景观上不同于村庄等特点，发展中国家的城镇还具有比村庄更为完备的市政设施和公共设施的特征。

在界定城镇标准时，世界各国基本以强调城镇的一项或若干项本质特征。世界上有80多个国家以居民点下限人口划分界定城镇，标准最低的为100人（如乌干达），最高的有5万人（如日本）。也有的国家采用双指标，如瑞典，把居民点下限人口数量与密度结合起来，规定只要人口超过200人，房屋间距不超过200 m的建成区即为城镇。印度用三个指标，规定居民5 000人以上，人口密度不低于390人/km²，3/4人口成年男子从事非农业活动，并有明显城镇特征的居民点为城镇。

现实中我国城镇采用两个并行的分类。一类是按照行政区划标准，我国的城镇可以划分为直辖市、市和镇。其中，按行政管辖的不同，还可把市进一步划分为地级市和县级市。另一类是按照人口规模分类，划分标准也经过多次调整，见专栏1-1。

专栏 1-1　我国的城镇标准

1955年我国公布了新中国成立后第一个城镇的划分标准，采用居民点的人口下限数量和职业构成两个要素相结合的办法。规定常住人口2 000人以上、居民50%以上为非农业人口的居民区即为城镇（一些重要、特殊职能的居民区标准适当放宽）。聚居人口10万以上的城镇可以设市（特殊情况下可适当放宽），聚居人口不足10万的城镇，如果是重要工矿基地、省级地方政府机关所在地、规模较大的物资集散地或边远地区的重要城镇，确有必要时也可设市。市的近郊区无论它的农业人口所占比例大小，一律视为城镇区。

1984年上调居民点下限标准，规定20 000人以下的乡，假如乡政府所在地的居民点非农业人口和自理口粮常住人口在2 000人以上可以设镇。20 000人以上的乡，假如乡政府所在地的非农业人口和自理口粮常住人口超过总人口的10%也可以设镇。

1986年对设市标准又做了较大调整：①非农业人口6万以上，年国民生产总值2亿元以上，已成为该地经济中心的镇，可以设市。少数民族地区和边远地区的重要城镇、重要工矿科研基地、著名风景名胜区、交通枢纽和边境口岸，虽不足以上标准，如确有必要，也可以设市。②总人口50万以下的县，县人民政府驻地所在镇的非农业人口10万以上，常住人口中农业人口不超过40%，年国民生产总值3亿元以上，可以撤县设市。总人口50万以上的县，县人民政府所在镇的非农业人口达到12万以上，年国民生产总值4亿元以上，也可撤县设市。自治州人民政府或地区（盟）行署驻地所在镇，虽不足以上标准，如确有必要，也可以撤县设市。③市区非农业人口 25 万以上，年国民生产总值 10 亿元以上的中等城市，可以实行市领导县的体制。

1993 年根据区域内人口密度的差异，对县级市分为三类标准，并进一步细化增加了产业结构、财政收入、城区公共基础设施等指标。针对地级市，也相应增加了工业产值占比、第三产业比重以及财政收入等指标。

根据《城市规划法》[①]，依据人口数量，可将城市分为大城市（大于 20 万）、中等城市（20 万~50 万）、小城市（镇）（小于 20 万）。近年来城市规模急剧扩大，人口越来越多，这一标准已经偏低。

改革开放以来，我国城市、乡镇的规模不断扩大。如果按照城市的人口标准，许多镇已经达到了小城市的规模，少数甚至可以步入了中等城市行列（国家统计局，2011）（见表 1-1）。伴随着工业化进程加速，城市数量和规模都有了明显增长，原有的城市规模划分标准已难以适应城镇化发展等新形势要求。我国城镇化正处于深入发展的关键时期，为更好地实施人口和城市分类管理，满足经济社会发展需要，2014 年 10 月，国务院出台了城市规模划分标准调整方案。

表 1-1　中国人口（"六普"）最多的 10 个镇

排序	镇名	常住人口/人
1	广东佛山市狮山镇	665 000
2	广东东莞市长安镇	664 230
3	广东东莞市虎门镇	638 657
4	广东东莞市塘厦镇	482 067
5	河北三河市燕郊镇	447 000
6	广东东莞市厚街镇	438 283
7	广东东莞市寮步镇	418 578
8	江苏吴江市盛泽镇	402 000
9	浙江苍南县龙港镇	396 000
10	广东东莞市常平镇	386 378

按照《城市规模划分标准调整方案》（国发〔2014〕51 号），根据城区的常住人口规模，全国城市分为五类：50 万人以下为小城市；50 万到 100 万之间的为中等城市；100 万到 500 万的为大城市；500 万到 1 000 万为特大城市；超过 1 000 万为超大城市。其中，小城市又细分成两类，20 万到 50 万之间的城市为 I 型小城市，20 万以下的为 II 型小城市。大城市也分成两类，100 万到 300 万的为 II 型大城市，300 万到 500 万之间的为 I 型大城市。

按照最新标准，北京、上海、广州、深圳、天津、重庆 6 座城市为超大城市，成都、武汉、南京、沈阳、哈尔滨、杭州、西安、苏州等 10 个城市为特大城市。

---

① 《中华人民共和国城市规划法》，1989 年第七届全国人民代表大会常务委员会第十一次会议通过。

第二节　城市的发展与城镇化

一、城镇化的基本内涵

城镇化（Urbanization），也称城市化或都市化，是一种社会历史的进程。这种进程直接表现为乡村人口向都市人口转化，城市用地规模扩大，城市数量增加，产业结构由以农业为主转变为以第二、第三产业为主，生活方式由乡村型向城市型转化等特征。

现代意义的城镇化是从 18 世纪中叶以来，随着工业化进程而发展的。工业化促进了城镇化，城镇化为工业和其他现代经济的发展创造了良好的外部条件。此后，人类社会的活动重心越来越移向城市，城市在人类社会发展过程中的作用不断提高。城镇化成为反映一个国家和地区现代文明水平的重要标志。

城镇化的历史并不等同于城市发展史。城市的发展除了表现出人口规模、用地规模、产业结构、文化特征等的变化以外，区别于城镇化之处，主要表现为城市形态和内部结构（功能分区、交通、商业网络等）等空间特征的变化。

城镇化率，是衡量城镇化水平的重要指标，通常用城镇人口占总人口的比例来表示。但是由于各国在界定城市地域范围存在不同标准，各国城镇人口统计数据可比性不足。

城乡界线，是确定城市与乡村的空间边界。界定城市地域的范围通常有三种方式，即行政地域、景观地域和功能地域。行政地域是行政管理的界线，最为精准。景观地域主要指基本反映城市实体范围，一般相对于城市建成区的范围，在城市规划中采用较多。但是城市建成区因城市发展而处于不断变动中，城乡社会经济联系愈加频繁，城市的影响和辐射作用也会超出建成区范围，导致城乡边界越来越模糊。功能地域主要体现在城市基本功能覆盖的地域范围。通常，国外的城市边界使用功能地域范围，并用大都市区这一概念来表示。大都市区的街区即是城市化地区的建成区。

在我国主要使用行政地域和建成区两种城市地域界定方法。由于我国城乡二元结构的存在，在一些大城市外围通常存在着一些具有某些城市功能而又难以划分城乡界线的过渡区域（杨志峰等，2008）。随着我国城乡一体化发展、新型城镇化的推进，城市功能地域会成为未来界定城市地域的方向。

专栏 1-2　大都市区（metropolitan area）和大城市带（megalopolis）

最早由美国于 1910 年提出的"大都市区"是国外最常用的城市功能地域概念。大都市区是一个大的人口核心以及与这个核心有着密切的经济、社会联系的相邻社区的组合。这种功能联系主要以劳动力联系的规模和密切程度来确定。2000 年以来描述这种联系的指标只用通勤水平来统计。大都市区的范围主要根据核心区及其影响区来判定。所谓

"人口核心"包括一个或多个集中了区域大部分人口的中心县，即 50%以上的人口位于城市化地区的县可以考虑作为中心县。所谓"影响区"是指必须满足与中心县相关联标准的外围县。根据 2003 年新修订的都市统计区界定原则，外围县至少要有 25%以上的就业人员在核心区工作，或者当地至少有 25%的就业人员来自核心区（理查德等，2011）。从地域景观看，大都市区包括了连续建成区外缘以外的不连续分布的城镇、城郊发展区甚至一部分乡村地域，而城市化地区是不包括乡村地域的。与城市化地区不同点仅在于，大都市区可以包括一个或几个城市化地区。

大城市带概念是由法国地理学家戈特曼提出的，中国亦称为城市群。大城市带是由一些地域相近，在经济、社会、文化等各方面存在着密切的交互作用的都市区组成的城市集聚区。大城市带的地域结构具有如下特点：①多核心，区域内有若干高人口密度的大城市核心，每个大城市核心及其周围县之间，以通勤流形成紧密的社会经济联系。各核心城市之间的低密度人口分布地区多为集约化农场、大面积森林、零星分布的牧场和草地，这些非城市用地为城市人口提供休憩场所和食品；②密切联系的交通走廊、高效的交通干线构成大城市带空间结构的骨架，紧密连接各核心城市；③规模特别庞大，通常大城市带人口不低于 2 500 万；④国家的核心区，社会经济最发达、经济效益最高，甚至具有国际交往的作用（许学强等，1996）。

目前，在世界范围内已形成著名的七大城市群：以纽约为中心的美国东北部大西洋沿岸城市群、以芝加哥为中心的北美五大湖城市群、以东京为中心的日本太平洋沿岸城市群、以伦敦为中心的英国城市群、以巴黎为中心的欧洲西北部城市群、以上海为中心的中国长江三角洲城市群、以香港为中心的中国珠江三角洲城市群。中国《国家新型城镇化规划》中列出了长三角城市群、珠三角城市群、京津冀城市群、长江中游城市群、中原城市群、成渝城市群、哈长城市群等 7 个国家级城市群。

二、城镇化发展的历程

自城市形成以后的几千年里，世界的城镇人口和城镇人口比重增长速度非常缓慢。1800 年，世界总人口为 9.78 亿，城镇化率大约 5.1%，10 万以上城市 65 个。18 世纪中叶工业革命以来，机器化大生产取代了手工作坊式生产，资本和人口向城市集中，城市的用地扩大，众多的村镇变成了城市，小城市又发展成为大城市，城镇人口比重不断上升，城镇化进程开始加速。在 19 世纪的 100 年里，世界人口增加了 70%，城镇人口增加了 340%，1900 年，10 万以上城市增加到 301 个。第二次世界大战以后，发展中国家城镇化起步，世界城镇化进程进入高速增长期。根据联合国人居署的统计数据，1950 年世界城镇化水平只有 30%，1990 年上升至 43%，2008 年首次突破 50%，2014 年为 54%，预计 2050 年将达到 66%。

城镇人口快速增长的同时，城市规模等级也相应迅速扩大，1900 年全世界百万人口的特大城市为 13 个，1950 年为 71 个，1960 年达到 114 个（许学强等，1996）。

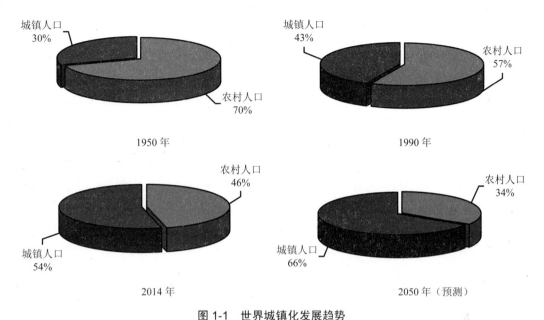

图 1-1　世界城镇化发展趋势

资料来源：联合国经济和社会事务部. 世界城镇化展望 2014.

（一）城镇化发展的阶段

城镇化的发展历程可以概括为一条被拉平的 S 形曲线（图 1-2）。这一曲线是由美国城市地理学家诺瑟姆（Ray M. Northam）于 1979 年研究发现并提出的。因此，也被称为"诺瑟姆曲线"。

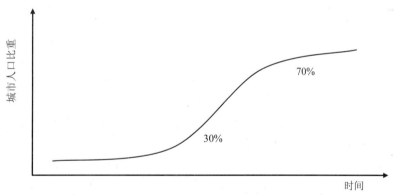

图 1-2　城镇化发展的 S 形曲线

诺瑟姆把城镇化过程分为三个阶段，即城市水平较低、发展较慢的初期阶段，人口向城市迅速聚集的中期加速阶段，进入高度城镇化以后城镇人口比重的增长又趋缓慢甚至停滞的后期阶段。

初始阶段：城镇化水平达到 10% 就表明城镇化进程开始启动，该阶段城镇人口占区域总人口的比重低于25%，城镇发展缓慢，经历的时间长，区域处于传统农业社会状态。

加速阶段：这一时期城镇人口占区域总人口的30%以上，农村人口开始大量进入城市，城镇人口快速增加，城镇规模扩大，数量增多，城镇人口占区域总人口的比重达到60%~70%，工业在区域经济和社会生活中占主导地位。

稳定阶段：城镇人口占区域总人口的60%以上后，城镇人口增长速度下降，城镇人口增长处于稳定的发展时期。

从全球看，目前主要发达国家已经进入了城镇化的稳定阶段。英国城镇化启动最早，城镇化率由1750年的17%提高到1901年的77%，用了150多年时间基本完成了城镇化进程，近几十年城镇化率稳定在接近80%的水平。美国19世纪末进入城镇化快速发展阶段，城镇化率从1850年的15.3%提高到1970年的73.6%，用120多年时间基本完成了城镇化进程。日本随着工业飞速发展，城镇化从1920年开始快速推进，1970年城镇化率达到71.88%，2014年达到93%。

（二）中国的城镇化进程

城镇化是社会经济发展的结果，是历史的必然趋势。中国的城镇化进程比西方晚，从19世纪后半叶起步，速度很慢，发展也不平衡，东南部沿海较快，而内地大部分地区仍处在农业社会。1949年新中国成立时城镇化率仅为10.64%，新中国成立后城镇化速度加快，但是由于经济发展及政策上的波动，与同时期一些国家比较仍较慢，1978年仅为17.92%。改革开放以来，城镇化速度加快，但是由于城镇化的基础比较薄弱，人口基数大，城镇化水平并不高，2000年第五次人口普查时刚达到36%，城镇化水平还处在初期阶段。2011年，中国城镇化率首次突破50%，达到了51.3%。这意味着中国城镇人口首次超过农村人口，中国城镇化进入了发展的关键阶段。2013年，中国城镇化率达到53.37%，城市发展取得了前所未有的推进。但在国家内部，由于自然环境和区位条件的差异，社会经济发展不平衡，中国的城镇化水平在东、中、西部地区也存在着较大的差异，这种差异在相当长时间内将长期存在。

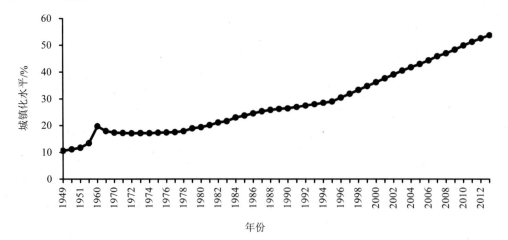

图 1-3　中国城镇化水平变动（1949—2013 年）

从当前的发展趋势来看，中国城镇化已经步入城镇化加速发展的第二阶段，在世界范围内而言，中国正在经历的是人类历史上规模最大、速度最快的一次城镇化浪潮。联合国发布的《世界城市化展望（2009 年修正版）》报告预计，在未来 50 年，中国还将增加 100个左右 50 万人以上人口的城市。根据相关研究，预计到 2030—2040 年，中国城镇化才会真正达到稳定阶段，届时中国的城镇化水平将达到城镇化稳定期 70%～80% 的一般水平。这也就是说，在接下去的 20～30 年，仍将有数亿人口从乡村走向城市，这对国家社会、经济和环境的各个方面都会产生深远的影响。20 世纪的城镇化发展实践已经证明，城市虽然在诸多方面推动了人类文明进步，但也产生了众多的问题，突出表现为城市与城乡区域之间的和谐关系不断被打破，已经威胁到了地球的整体环境安全。我国正在经历的大规模快速城镇化之路，如何去走无疑也将对国家整体的可持续发展产生重要的影响，未来的城镇化过程必须走向理性、健康和可持续。

我国以往的城镇化政策，曾经长期将城市规模作为国家城镇化政策的指针，以限制城镇化和城市发展规模为政策取向。1989 年 12 月，全国人大通过的《城市规划法》第四条明确规定"国家实行严格控制大城市规模、合理发展中等城市和小城市的方针"。这一政策主张背后的基本思想是：大城市存在诸多弊端，因而需严格控制；而中小城市则是城市的适度规模，是中国城镇化的发展方向。尽管如此，我国城镇化的实践并未表现出与城市发展方针的一致性，相反，却出现了"越控制越发展"的局面。另一方面也导致了工业化发展与城镇化发展的不同步，带来了许多新的城市问题。因此，在学术界，对中国城镇化道路如何选择存在着相当多的争议，在 2007 年通过的《城乡规划法》中已经废除了这一条款。《国家新型城镇化规划（2014—2020 年）》明确提出"以城市群为主体形态，推动大中小城市和小城镇协调发展；以综合承载能力为支撑，提升城市可持续发展水平"。

中国是一个幅员辽阔的大国，不同地区之间的社会经济发展条件和环境条件都存在着巨大的差异。因此，试图用一项统一的标准来衡量中国城镇化和城市发展，并以此来制定城镇化政策必然无法满足不同地区的发展需求。

另一方面，必须认识到，城镇化作为一种现象并不是人类社会发展的目标，仅仅将视野落在城镇化上，反而容易忽略人居环境的目标，即实现城市及其区域的永续与和谐发展，使人们能够充分享受人居环境发展和社会进步所带来的积极成果。

未来的中国城镇化模式应该是一种多元化的模式，即改变过去仅仅以规模作为政策标准的方法。在一些地区，需要有大城市来带动整个区域的发展，形成强有力的区域核心去参与全球的竞争，而在另外一些地区，则需要中小城市和城镇的开发来带动当地的发展。总之，未来的城市和区域发展应当是超越单个城市的传统思维，走向区域协调，从更大区域范围来思索永续的城镇化发展道路，走向城乡一体、和谐发展的新阶段。

专栏 1-3   城乡一体化

城乡一体化是城镇化发展的一个新阶段，是随着生产力的发展而促进城乡居民生产方式、生活方式和居住方式变化的过程，使城乡人口、技术、资本、资源等要素相互融合、互为资源、互为市场、互相服务，逐步达到城乡之间在经济、社会、文化、生态、空间、政策（制度）上协调发展。

为了改变长期形成的城乡二元经济结构，实现城乡在政策上的平等、产业发展上的互补、国民待遇上的一致，让农民享受到与城镇居民同样的文明和实惠，促进整个城乡经济社会全面、协调、可持续发展，需要把工业与农业、城市与乡村、城镇居民与农村村民作为一个整体，统筹谋划、综合研究，通过体制改革和政策调整，促进城乡在规划建设、产业发展、市场信息、政策措施、生态环境保护、社会事业发展的一体化。

（三）未来城镇化的趋势

世界城镇人口将持续较快增长。据联合国《世界城市化展望 2014》预测，到 2050 年，城镇人口将再增加 25 亿，城镇化率将从 54% 提高到 66%。新增城镇人口将主要集中在欠发达地区的城镇，特别是亚洲和非洲。

人口向大城市集中的趋势仍将持续，城市群将成为城镇化发展的主体形态。城市群因具有更强的集聚能力、更大的经济规模和更高的空间效率，将是未来城镇化发展的主体形态。随着世界经济增长重心向亚太地区转移，中国正成为世界经济发展的新增长极，新的世界级城市群的崛起很有可能发生在中国。

创新、绿色、智慧、人文城市建设将成为世界城市发展潮流。面对城镇化进程中的产业支撑乏力、资源短缺、环境破坏、社会矛盾多发等问题，世界各国更加注重城市内涵品质的提升，通过创新城市建设激发活力，通过绿色城市建设提高可持续能力，通过智慧城市建设提升竞争力，通过人文城市建设增强魅力。

第三节   我国城镇化发展面临的问题与挑战

过去十多年是中国城镇化率提升速度最快的一个阶段。2000—2013 年，我国城镇化率从 36.3% 提高到 53.7%，年均提高了 1.3 个百分点；城镇人口由 4.8 亿增长到 7.3 亿，其间城镇人口增长了 2.5 亿，平均每年约有 2 000 万农村人口进城。快速城镇化有力地促进了区域经济的发展，提高了居民的生活质量，但是也带来了一些问题。

一、我国城镇化发展面临的问题

（一）城镇化与人口城镇化的不匹配

农民工已成为我国产业工人的主体，他们居住在城市，也被统计为城镇人口，但是受城乡分割的户籍制度影响，2.5 亿农民工及其随迁家属，未能在教育、就业、医疗、养老、保障性住房等方面享受到与城镇居民一致的基本公共服务，导致大量农村转移人口难以真正融入城市社会，严重影响到当前的城镇化质量。2013 年我国统计上的城镇化率为 53.7%，但是以户籍人口计算的城镇化率仅为 36%，其间有 17.3 个百分点的差距，也就是说有 2.5 亿农民工在城里就业，因没有当地户口，并享受不到相应的公共服务。同时还有 7 500 多万城镇间流动人口也面临着同样的问题。如果加上未来 20 年还要增长 2 亿多的农村进城务工就业的人口，涉及的外来人口数量将高达 5 亿。

由于农村转移人口无法真正融入城镇，农民工家属无法随迁城市，导致城镇内部出现新的二元结构，农村地区留守儿童、妇女和老人问题日益凸显，也影响到农业的现代化进程和农村地区的社会稳定。

（二）城镇建设需求与投入能力的不匹配

我国土地城镇化的速度快于"人口城镇化"（姚士谋等，2011）。部分城市热衷于"摊大饼"式扩张，过分追求宽马路、大广场，新城区、开发区和工业园区占地过大，建成区人口密度偏低。1996—2012 年，全国建设用地年均增加 724 万亩，其中城镇建设用地年均增加 357 万亩；2010—2012 年，全国建设用地年均增加 953 万亩，其中城镇建设用地年均增加 515 万亩。2000—2011 年，城镇建成区面积增长 76.4%，远高于城镇人口 50.5% 的增长速度；农村人口减少 1.33 亿人，农村居民点用地却增加了 3 045 万亩。

我国的城镇土地属国有，农村土地属集体所有。村集体土地只有被低价征用为国有用地后，才可以进入城镇开发领域。农村土地参与城市开发具有巨大的升值潜力，这种升值所带来的利益，成为了推进城市建设的重要资金来源。一些地方政府过度依赖土地出让收入和土地抵押融资推进城镇建设，用商业用地出让收入补偿工业用地成本以及城市基础设施投入资金的不足。

过去我们主要关注现行土地管理制度对农民的补偿不合理、拆迁遗留问题，现在面临的更大的问题是，每一任政府都在复制并放大这种模式。对土地出让收入的依赖导致城市空间不断扩张，城市的空间摊得越大，所需要的基础设施投资就越巨大，政府治理的成本也越来越高，于是财政进一步依赖土地，周而复始，恶性循环。

依赖于土地低成本征用推动城镇化发展的模式已经不可持续。这种模式不仅造成了城市空间的过度扩张，加剧了土地资源的紧张，浪费了大量耕地资源，威胁到国家粮食安全和生态安全，也加大了地方政府性债务等财政金融风险。

（三）城镇空间分布和规模与资源环境承载力不匹配

我国城市发展布局、重大资源开发和项目建设与环境空间格局不匹配。表现为：东部一些城镇密集地区资源环境约束趋紧，中西部资源环境承载能力较强地区的城镇化潜力有待挖掘；城市规模与资源开发利用程度超出资源环境承载力底线，部分特大城市主城区人口压力偏大，与综合承载能力之间的矛盾加剧，城市连片开发蚕食生态空间，工业企业不合理的建设布局引发环境安全隐患等问题。资源环境的压力已经成为我国城镇化进程的制约性因素。

不少地方在耕地"占补平衡"中采取占优补劣、围湖毁林、上山下滩等方式，间接挤占生态空间。交通、水利设施、人工割裂生态系统和自然景观的整体性和连通性，造成农田、湿地、山林等生态空间破碎化严重，生态调节功能下降，区域生态安全受到威胁。长三角、珠三角地区在快速城镇化过程中，城乡格局由以大片农田、自然景观为主的"农村包围城市"很快发展为以钢筋混凝土为主的"城镇包围农村"，广州市耕地面积从 2004 年的 1 469 km^2 下降到 2011 年的 854 km^2，城市土地利用强度超出 20%的国际通行生态宜居标准（彭文蕊，2013）。

城市发展忽略资源环境承载力，直接导致资源环境质量恶化。国家发改委新闻发布报道，全国 654 座城市中，已有 400 个城市缺水，其中约 200 个城市严重缺水（中国网，2010）。国土资源公报数据显示：全国 200 个城市 4 727 个地下水水质监测点，较差和极差的比例为 55%（新华网，2012）。中国地质调查局公布的《华北平原地面沉降调查与监测综合研究》及《中国地下水资源与环境调查》显示：自 1959 年以来，华北平原 14 万 km^2 的调查范围内，地面累计沉降量超过 200 mm 的区域已达 6 万 km^2，接近华北平原面积的一半（张金平，2014）。全国城镇自然植被覆盖较低。城市绿地面积比重仅占 10%左右，建制镇人均公园绿地面积仅为 2 m^2。全国已有 1/4 个城市没有合适场所堆放垃圾（中国环境保护网，2013）。地面硬化、湖滨石岸化、河道渠化、物种单一化、植被人工化、景观简单化等人工化趋势严重，城镇生态系统自我调节能力低，功能减弱（Zhou 等，2011；Zhao 等，2013）。

全国范围内主要污染物排放总量超过环境容量，海河流域"有河皆干、有水皆污"。全国有 420 多座城市供水不足，其中 110 座严重缺水，缺水总量达 105 亿 m^3。北京到上海之间工业密集区成为全球对流层二氧化氮污染最为严重的地区之一，长三角、珠三角城市密集区河流水网污染严重，广州市水环境功能区水质达标率仅为 60%左右（潘家华等，2013）。2013 年，以新的《环境空气质量标准》监测的 74 个城市中，仅海口、舟山和拉萨 3 个城市空气质量达标，超标城市比例为 95.9%。京津冀和珠三角区域所有城市均未达标，长三角区域仅舟山六项污染物全部达标。

城市建设、工业产业布局与环境系统格局不匹配，威胁环境质量健康与环境安全。福州闽江沿岸大规模开发建设，江滨高楼迭起，阻挡福州市城区唯一的通风口，是造成近年来福州市热岛效应显著、雾霾天气增加的重要原因。宜昌东部地区重化工企业较多，而常年主导风向冬季为东北风、夏季为东南风，造成城市"顶风"发展，雾霾频发且难以治理。

2010 年全国重点行业企业环境风险及化学品检查工作结果显示，在抽查的危险化学品企业中，有 12% 的企业距离饮用水水源保护区、重要生态功能区等环境敏感区域不足 1 km，10% 的企业距离人口集中居住区不足 1 km。

专栏 1-4 城市生态系统特点

城市生态系统是人类在改造和适应自然环境基础上，城市居民与周围生物和非生物环境相互作用而形成的一种经济-自然-社会复合系统。自然、经济、社会各系统之间通过高度密集的物质流、能量流、信息流相互联系，其中人类的管理和决策起着决定性的调控作用。与一般自然生态系统相比，城市是一个高度人工化的生态系统，与自然生态系统相比，具有以下突出特点。

开放性：城市的物质流是一个"资源—产品—废物"的单向非闭合链条，而自然生态系统的物质流是一个循环往复的封闭链条。正常条件下，所有废物都可以通过分解者的分解重新返回环境并得到再次利用，所以说自然界不存在资源耗竭和污染等废物困扰问题。因此，城市开放式的物质流动特点是导致城市资源环境问题、发展不可持续的根本原因。

高度对外依赖性：城市生态系统，无法自身完成物质循环和能量转换，对外依赖程度高。城市的正常运转需要许多物质从外界输入，在城市内部加工、利用后，又从城市输出，包括产品、废弃物、资金、技术、信息等。自然生态系统能量来源是可再生的太阳能，而城市的能源主要依靠不可再生能源，且需要大量远距离输送。据估算，全世界的城市居民集中生活在全球 2% 的地表面积上，但却消耗了 75% 以上的资源。以伦敦为例，将维持其运转所消耗的各类资源都折算为土地面积，相当于伦敦市区面积的 58 倍（Miller，2004）。这种高度集中消耗资源、排放废物的系统状态，是导致城市区域环境质量恶化的主要根源。

脆弱性：城市生态系统结构不完整、不稳定。城市生态系统呈现"倒金字塔形"结构，见图 1-4。消费者多，绿色生产者不足，微生物分解者的功能受到抑制，自动调节能力弱。

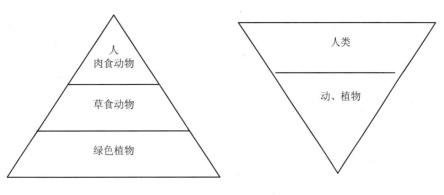

图 1-4 城市生态系统生物食物链

此外，地面硬化、河道渠化、湖滨石岸化、植被稀少，物种单一、景观简单化等人工化趋势，进一步降低了城镇生态系统的自我调节能力（如对自然径流、温度、净化空气等的自我调节能力），很容易形成高温热浪、雨涝、雷暴灾害。据监测统计，1997—2002年间，北京的酷热日数急剧增加，由原来的零天增加到了10天左右，个别站点甚至超过了10天（陈雪等，2009）。一般城市雷暴天气比郊区多10%~15%（Landsberg，1981）。降雨后，城市河流水位上升速度明显高于自然区域的河流，造成排泄拥堵现象，很容易超出洪水位。据Espey、Winslow和Morgan等的监测，城镇化后单位洪峰流量约等于城镇化前的3倍，涨峰历时缩短1/3，暴雨径流的洪峰流量预期可达到未开发流域的2~4倍（杨小波等，2014）。也有不少研究结果甚至还高于此数值。

（四）城镇发展速度与管理水平的不匹配

城市是人类最大的构筑物。人类文明的许多构思、梦想，是通过城市设计和建设表达出来并得以实现。城市也是人类对自然干扰最大的地域。城市面积只占全世界土地总面积的2%，却消耗着全球75%的资源，并产生了更大比率的废弃物（仇保兴，2011）。一些城市空间无序开发、人口过度集聚，重经济发展、轻环境保护，重城市建设、轻管理服务，导致了各种"城市病"的出现，表现为交通拥堵问题严重，公共安全事件频发，城市污水和垃圾处理能力不足，大气、水、土壤等环境污染加剧，城市管理运行效率不高，公共服务供给能力不足，城中村和城乡结合部人居环境较差。

1996年，联合国人居组织发布的《伊斯坦布尔宣言》强调："我们的城市必须成为人类能够过上有尊严、健康、安全、幸福和充满希望的美满生活的地方。"这意味着，城镇化不但要看城市发展的速度，还要看城市发展的质量。不能仅仅将人口居住在城市称为城镇化，还要以这些人的居住环境、生活水平和生活质量来衡量城镇化。如何实现有质量的城镇化，体现着城市管理者的智慧。

"城市病"既源于城市资源环境的承载力和城镇化发展规模的匹配失衡，也是城市组织管理落后于城镇化过程的体现。现行城乡分割的户籍管理、土地管理、社会保障制度，以及财税金融、行政管理等制度，固化了城乡间的利益失衡格局，制约着城镇化的健康发展。随着城市规模的膨胀，这些问题和矛盾进一步凸显，加剧了城市政府的负担，考验着政府的管理水平。

（五）城市特色与自然文化本底的不匹配

城市应当千姿百态，各具特色，唯有特色才是城市的生命力。城市特色是指一座城市在内容和形式上明显区别于其他城市的个性特征，主要包括城市性质、产业结构、经济特点、传统文化、民俗风情、建筑风格等方面。

当前一些城市规划贪大求全，目标雷同。表现为经济指向过于强烈，规划建设不切实际，城市用地规模盲目扩张，如全国有180多个城市提出要建设"国际化大都市"。城市规划风格的同质化、规划概念的简单化、建设目标的普遍功利化，最终导致城市建设缺乏特色，"千城一面"现象突出。

另外一种表现是规划中严重缺乏人文传统和自然生态理念，建设的景观结构与所处区域的自然地理特征和文化传统不协调。城市建设过程中，对自然历史文化遗产保护不力，大量历史文物古迹、名人故里、自然遗产被破坏，"建设性"破坏不断蔓延，城市的自然和文化个性消失。背后是特色观念的缺失、人文传统的中断，也预示着城镇化动力的枯竭。

二、我国城镇化未来发展面临的挑战与机遇

2013 年我国城镇化率为 53.73%。根据世界城镇化发展普遍规律，我国正处于城镇化率 30%～70% 的快速发展区间，未来每年城镇化率仍可维持在一个百分点的增长。另一方面，传统粗放的城镇化模式难以维持。继续依靠廉价农业劳动力转移、土地资源的大量消耗，单纯以城市建设的规模扩张来推动城镇化，会导致产业升级缓慢、资源环境恶化、社会矛盾增多等诸多风险，甚至可能会由此落入"中等收入陷阱"，影响我国的现代化进程。我国已经步入经济发展的新常态，在新的历史背景下，城镇化发展必须顺应新常态下的新要求，实现由重视数量到提升质量的转型，进一步推动城镇化持续健康发展。

（一）城镇化发展面临的日益严峻的外部挑战

在全球经济再平衡和产业格局再调整的背景下，全球供给结构和需求结构正在发生深刻变化。庞大生产能力与有限市场空间的矛盾更加突出，国际市场竞争更加激烈，我国面临产业转型升级和消化严重过剩产能的挑战巨大。发达国家能源资源消费总量居高不下，人口庞大的新兴市场国家和发展中国家对能源资源的需求迅速膨胀，全球资源供需矛盾和碳排放权争夺更加尖锐。我国能源资源和生态环境面临的国际压力前所未有，传统高投入、高消耗、高排放的工业化、城镇化发展模式难以为继。

（二）城镇化转型发展的内在要求更加紧迫

随着我国农业富余劳动力减少和人口老龄化程度提高，主要依靠劳动力廉价供给推动城镇化快速发展的模式不可持续。随着资源环境瓶颈制约日益加剧，主要依靠土地等资源粗放消耗推动城镇化快速发展的模式不可持续。加强资源节约和环境保护，促进城镇绿色低碳循环发展，在推进城镇化进程中延续城市文脉、传承城市历史文化，仍面临诸多制约和障碍。

随着户籍人口与外来人口公共服务差距造成的城市内部二元结构矛盾日益凸显，主要依靠非均等化基本公共服务压低成本推动城镇化快速发展的模式不可持续。解决进城农业转移人口真正享受城市居民各项保障，实现基本公共服务常住人口全覆盖，需要支付巨大的成本并建立成本分摊机制。

优化城镇布局和城市规模结构，增强中西部城市特别是中小城镇对人口的吸引力，需要矫正城镇资源配置方式，对深化城镇管理体制改革提出了更高要求。

工业化、信息化、城镇化和农业现代化发展不同步，导致农业根基不稳、城乡区域

差距过大、产业结构不合理等突出问题。我国城镇化发展由速度型向质量型转型势在必行。

（三）城镇化发展的资源环境瓶颈约束增强

我国人均耕地资源、森林资源和草地资源约为世界平均水平的 39%、23% 和 46%，大多数矿产资源人均占有量不到世界平均水平的一半。有研究表明，建设用地增加率是城镇化水平提高率的 1.56 倍，城镇人口人均能耗是农村人口的 1.54 倍。我国土地资源合理承载力仅为 11.5 亿人，现已超载约两亿，我国已有 600 多个县突破了联合国粮农组织确定的人均耕地面积 0.8 亩的警戒线，其中 463 个县人均耕地不足 0.5 亩（李干杰，2014）。第二次全国土地调查显示，最近 13 年间，我国城镇化用地增加 4 178 万亩，占用的大都是优质耕地。仅东南沿海 5 省市就减少水田 1 789 万亩，相当于减少了福建全省的水田面积。京津沪琼未利用土地已近枯竭，苏皖浙黔所余极为有限。1980—2010 年，城镇化水平每提高 1 个百分点，新增城市用水 17 亿 m^3，其中新增城市生活用水 9.4 亿 m^3；新增城市建设用地 1 004 km^2；所消耗能源为 6 978 万 t 标煤。城镇化是未来我国经济社会发展的必然趋势，到 2020 年，城镇化率将达到 60% 左右，资源环境的压力还将进一步加大。据中科院预测，未来城镇化进程对能源的需求将净增 1.89 倍，对水的需求将增加 0.88 倍，对建设用地需求净增 2.45 倍，生态环境超载压力净增 1.42 倍（方创琳，2009；方创琳等，2013）。

（四）城镇化转型发展的基础条件日趋成熟

在我们这样一个拥有 13 亿多人口的发展中大国，实现城镇化转型发展，在人类发展史上没有先例，既面临诸多挑战，也面临重大机遇。改革开放 30 多年来我国经济发展水平和综合经济实力大幅提升，经济结构调整积极推进，有利于城镇化从外延扩张转向品质提升，为城镇化转型发展奠定了良好物质基础。国家着力推动基本公共服务均等化，基本公共服务制度不断健全，实现常住人口全覆盖，为农业转移人口市民化创造了条件。交通运输网络的不断完善、节能环保等新技术的突破应用，以及信息化的快速推进，为优化城镇化空间布局和形态，推动城镇可持续发展提供了有力支撑。大力推进生态文明建设，融入经济社会发展全过程，有利于城镇绿色低碳循环发展。全面深化改革，各地在城镇化方面的有益探索，特别是近些年统筹城乡综合配套改革试点，为创新体制机制积累了经验。

第四节　新型城镇化中的生态文明建设

城镇化是现代化的必由之路，是解决农业、农村、农民问题的重要途径，是推动区域协调发展的有力支撑，是扩大内需和促进产业升级的重要抓手。我国城镇化是在人口多、资源相对短缺、生态环境比较脆弱、城乡区域发展不平衡的背景下推进的。传统城镇化发展道路已经对生态环境带来了巨大的影响，我们必须从社会主义初级阶段这个最大实际出发，遵循城镇化发展规律，走出一条以人为本、"四化"同步、优化布局、生态文明、文化传承的中国特色新型城镇化道路。

一、新型城镇化的基本内涵

我国的新型城镇化既包含对我们过去城镇化道路经验教训的总结，也包含对西方城镇化过程中问题的思考和规避，更包含对未来城镇化前景的新设想，是对我国城镇化模式的新构思。

（一）新型城镇化是以人为本的城镇化

以人为核心的城镇化是推进新型城镇化的关键，也是中国城镇化的本质属性。推进以人为核心的城镇化，主要任务是解决已经转移到城镇就业的农业转移人口落户问题，提高农民工融入城镇的素质和能力。把符合落户条件的农业转移人口真正转为城镇居民，要创造居民稳定就业的条件，逐步实现基本公共服务常住人口全覆盖，有序推进户籍制度改革，真正让农民进得来、留得住，有认同感和归属感，从而真正实现人口城镇化。

（二）新型城镇化是"四化"同步的城镇化

"四化"同步的城镇化是中国城镇化的时代特色。工业化是主动力，信息化是融合器，城镇化是大平台，农业现代化是根本支撑。城镇化与工业化、信息化和农业现代化同步发展，是现代化建设的核心内容，彼此相辅相成。

坚持"四化"同步，就是要推动信息化和工业化深度融合、工业化和城镇化良性互动、城镇化和农业现代化相互协调，促进城镇发展与产业支撑、就业转移和人口集聚相统一，促进城乡要素平等交换和公共资源均衡配置，形成以工促农、以城带乡、工农互惠、城乡一体的新型工农、城乡关系。

（三）新型城镇化是优化布局的城镇化

布局优化是中国新型城镇化的内在要求。我国城镇化布局与资源环境承载力之间的矛盾日渐突出，面临可持续发展的严峻挑战。我国人均耕地仅为世界平均水平的39%，宜居程度较高的地区只占陆地国土面积的19%，水资源、能源资源等人均水平低、空间分布不均，生态环境总体脆弱，这对城镇化空间布局提出了更高要求。

推进新型城镇化，既要优化城镇的宏观布局，也要加强城市内部空间治理。根据资源环境承载能力构建科学合理的城镇化宏观布局，以综合交通网络和信息网络为依托，科学规划建设城市群，促进大中小城市和小城镇合理分工、功能互补、协同发展。严格控制城镇建设用地规模，严格划定永久基本农田，合理控制城镇开发边界，优化城市内部空间结构，促进城市紧凑发展，提高国土空间利用效率。

（四）新型城镇化是生态文明的城镇化

生态文明是中国城镇化的必然选择，绿色、低碳、循环发展是新型城镇化的基本特征。成功的城镇化必须是人与自然和谐相处的城镇化。目前，我国一些城市重经济发展、轻环境保护，导致大气、水、土壤等环境污染加剧，城市生态环境面临巨大挑战。

推进新型城镇化就是要坚持资源节约、低碳减排、环境友好、经济高效的绿色城市发展原则，坚守耕地数量和质量红线，严控增量，盘活存量，优化结构，提升效率，切实提高城镇建设用地集约化程度。积极发展绿色低碳产业，提高能源利用效率。划定生态红线，保护绿色空间，形成生产、生活、生态空间的合理结构，把城市建设成为天蓝、地绿、水净的美好家园。

（五）新型城镇化是文化传承的城镇化

文化传承是中国城镇化的应有之义。当今世界正处于大发展、大变革、大调整时期，各种思想文化交流、交融、交锋更加频繁，文化在综合国力竞争中的地位和作用更加凸显。中华文化源远流长，是无比珍贵的财富，也是我们屹立世界民族之林的重要支撑。历史文脉是城镇生命力所在，城市也是文化融合与传承的平台、人们的精神家园，城镇化过程中必须创造性地保护和传承好历史文化。

坚持城镇的文化传承，就是要根据不同地区的自然历史文化禀赋，保留和利用不同历史文化积淀、民族风情特色，体现城镇的区域差异性，发展有历史记忆、文化脉络、地域风貌、民族特点的个性化美丽城镇，形成符合实际、各具特色的城镇化发展模式。

二、新型城镇化中加强生态文明建设的基本途径

从理论上来讲，城镇化与生态环境之间存在着强烈的交互影响作用。一方面，城镇化进程的加快容易引起城镇化地区周边生态环境的变化；另一方面，生态环境的变化也会影响到城镇化的水平。当生态环境改善时可促进城镇化水平的提高和城镇化进程的加快，当生态环境恶化时则会限制或遏制城镇化进程。

良好的城镇生态环境，是提供最佳的人居环境和工作环境的基础，也是人类聚居于城镇的初衷。为了城镇化的可持续发展，我们必须正视生态环境问题，针对矛盾的所在，采取必要的措施，在新型城镇化建设的全过程及各方面切实做好生态环境的规划与保护。

（一）集约利用土地资源，实现城市空间紧凑发展

土地集约利用是新型城镇化的根本任务。新型城镇化主张高密度开发利用城市土地。一方面可以在很大程度上遏制城市蔓延，从而保护郊区的开敞空间（农地、绿地等）；另一方面可以有效缩短交通距离，降低人们对小汽车的依赖，鼓励步行和自行车出行，从而降低能源消耗，减少废气排放。另外，高密度的城市开发可以在有限的城市范围内容纳更

多的城市活动，在规模经济的作用下，提高公共服务设施的利用效率，减少城市资源的投入和基础设施的投资。

实现城镇空间的紧凑式拓展，需要打破行政区划限制，完善城乡用地规划，科学合理地构建城市体系和规划产业发展布局。以都市圈为整体，发挥其在承载人口和产业、共享基础设施、高效利用土地方面的重要作用。以大城市为中心，协调大中小城市和小城镇的关系，以点带面带动周边小城镇发展，形成大中小城镇在都市圈内协调发展的新格局。按照统一规划、协调推进、集约紧凑、疏密有致、环境优先的原则，统筹中心城区改造和新城新区建设，提高城市空间利用效率，改善城市人居环境。加大土地整合力度，提高城乡建设用地效率。严格控制新增建设用地，建立土地集约利用考评机制，杜绝单纯规模性扩张。提高旧有土地利用效率，推进复合利用、循环利用等模式，挖掘旧城区土地潜力，盘活闲置土地。通过合理的迁村并点推进农村住宅用地集约使用，优化乡镇企业用地，杜绝"宽打宽用"现象。

专栏 1-5　城市增长边界

城市增长边界（Urban Growth Boundary，简称"UGB"），是城市建设用地与非建设用地的分界线，是控制城市无序蔓延而产生的一种技术手段和政策措施，是城市增长管理最有效的手段和方法之一。它既可以是有意识地保护城市所处区域内的自然资源和生态环境作为控制城市发展的"刚性"边界，也可以是合理引导城市土地的开发与再开发成为引导城市增长的"弹性"边界。

城市增长边界最早由美国首先提出，是一个法律意义上、区别城市和乡村土地的地理边界，只有在边界以内的土地才能享受到市政道路、给排水、公园、学校及消防等城市服务。划定城市增长边界有利于保护城市周边优质农地和林地免于被城市蔓延发展吞噬，鼓励城市走紧凑型、连续型的空间发展方式。

为了实现限制城市无序蔓延，保护城市外部开放空间，保护乡村景观文化与基本农田，实现高密度、更加紧凑的发展模式的目标，我国在"十二五"规划中提出"合理确定城市增长边界，提高建成区人口密度，防止特大城市面积过度扩张"，在空间管治方面为城市的生态安全、精明增长、绿色转型发展和生态文明建设界定了明确的空间界限。

专栏 1-6　构建城市的循环经济系统

城市经济系统物质流动的非闭合开放性特点是导致城市资源环境问题、发展不可持续的根本原因。要改变城市经济系统的这种不可持续性，必须加强城市能源、物质流的管理。一方面需要通过技术手段降低能源物质流强度，发展清洁、可再生能源来替代不可再生能源，另一方面需要按照自然生态系统的物质循环流动规律，最大限度构建物质闭环流动型经济，即循环经济系统，形成"资源—产品—废物—再生资源"的循环过程，使城市经济系统和谐地纳入自然生态系统的循环过程中。循环经济的产业体系不仅包括废物回收、再生资源等生产型产业形态，而且还包括产品租赁服务、零配件维修等有利于循环利用的服务业。

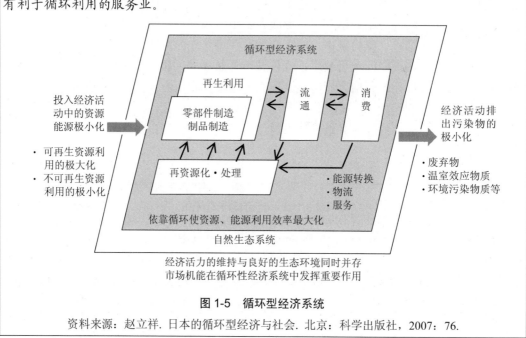

图 1-5　循环型经济系统

资料来源：赵立祥. 日本的循环型经济与社会. 北京：科学出版社，2007：76.

（二）提升生态经济水平，优化城镇产业结构

以生态文明理念推进城镇化，必须构建生态经济体系，优化提升城镇产业结构，为新型城镇的发展提供强大的产业支撑，积极倡导有利于环境保护和资源节约的可持续发展产业模式。重点以新型工业化引领传统工业向生态工业的转型，摆脱高投入、高消耗、高污染、广占地、滥选址、低效益的工业化老路，推进资源集约利用，加快清洁生产和环境质量体系认证，开发、引进和推广各类新技术、新工艺、新产品。全面推行污染物总量控制和排污许可证制度。加快传统服务业向生态服务业转型，以生态理念为核心内涵，不断提高现代服务业产业素质。将绿色经济指标纳入新型城镇化统计监测评价指标体系。鼓励绿色生产、循环发展，倡导绿色消费，改变以浪费资源为代价的发展模式，发展资源节约型产业，促进资源的循环，实现废弃物减量化、资源化和无害化利用。促进现代生态农业、都市型农业发展，改善我国农业产地环境与农产品质量、保障城市食品供应安全，推动农业现代化。

专栏 1-7　日本都市农业

20 世纪 80 年代，日本提出了"创建有农城市"的口号，并建立起维持城市长期农业经营的农地制度，将城区农地减税制度延长为 10 年。80 年代末，日本的规划部门进一步提出了第三生产绿地制度的观点，主张把城区现存的所有农地都纳入绿地管理体制，进行统一的城市规划管理。

1991 年修订的《生产绿地法》中规定：为了防灾、农业生产和公共设施需要，城区可以设立农业生产绿地；面积设定为 500 m² 以上；必须耕种 30 年以上或者所有者死亡后才可以改变用途，改变用途时优先考虑农业经营。这一新法保障了都市农业的存在和发展。都市农业的思想得到了落实，发展都市农业成为了社会整体的目标，日本的都市农业发展得到了巩固。

1999 年制定和发布的新农业基本法。新农业基本法改名为《食品、农业、农村基本法》，第一次以法律形式正式肯定了农业在供应粮食之外的多功能作用。包括向城市供应新鲜安全的农产品的生产功能，以及提供休闲的农业风景、提供农业体验场所、提供防灾空间和缓和城市热岛效应等多重功能（周维宏，2009）。

专栏 1-8　都市农业的生态系统的服务价值

现代都市农业是指依托都市的辐射，按照都市的需求，运用现代化手段，建设融生产性、生活性、生态性于一体的现代化大农业系统，形成集生产、生活和生态功能于一体的可持续发展的现代化农业（韩士元，2002）。都市农业的生态功能是农业多功能性的表现。日本率先提出了农业多功能性的概念，认为农业除了满足人类的食品功能以外，还肩负着更多更广泛的社会环境和文化等功能。韩国紧随其后也提出了农业多功能性概念，认为农业生产应当具有保证食物安全与农村的生存、保持水土、保护自然资源与环境、维护生物的多样性等多种功能（江泽林，2006）。同时，荷兰、挪威、瑞典等国家对农业的多功能性研究已全面展开。

现代都市农业生态系统服务功能可分为经济服务价值、社会服务价值和生态服务价值 3 类。其中，经济服务价值以提供直接服务功能为主，如为人类提供物质产品（食物、工业原料等）的功能以及为城市居民提供生态休闲观光旅游场所的功能。社会服务价值主要表现为间接价值，如提供人文、艺术、文化教育、科技研究等价值。生态功能价值是另一类间接服务的功能，主要包括固碳释氧、涵养水源、保持土壤及维持土壤和维持营养物质循环等功能，它支撑与维持着市民赖以生存的环境。

许多研究表明，现代都市农业的生态系统服务价值往往高于其物质产品价值。例如，2005 年上海农田生态系统服务价值为 118.06 亿元，是当年产品提供价值的 2 倍多，其中的观光旅游价值接近产品价值（张锦华等，2008）。2008 年，兰州市 4 种农业用地（森林、牧草地、耕地、水域）提供的 6 种生态功能价值和 3 种直接服务价值中，气体调节、水源涵养等生态功能价值占 91.6%，食物、原材料生产、休闲娱乐等直接价值占 8.4%（谈存峰等，2012）。在京郊现有耕作制度下，提供农产品份额为 12.41%；调节大气成分和净化环境价值占据绝对主体，两者之和占农田生态系统总服务价值的 77%（净化环境占 37.51%，调节大气成分占 39.48%）；土壤积累有机质价值为 4.4%；农业观光游憩价值为 3.8%；维持养分循环为 1.27%；蓄水功能为 2.21%（杨志新等，2005）。

专栏 1-9   自然资本视角下城市经济的可持续管理

1994 年在丹麦奥尔堡举行的"欧洲可持续城镇运动"会议通过了《面向可持续发展的欧洲城镇宪章》（《奥尔堡宪章》）指出大气、土壤、水和森林等资源环境因素作为一种自然资本，已经成为当代城市经济发展的限制因素。城市的可持续性在很大程度上依赖于环境的可持续性。环境的可持续性意味着维持自然资本的程度，即我们消费的可再生资源、水和能源的速度不能超过自然系统补充的速度；我们消耗的不可再生资源的速度不能超过可持续的再生资源更新的速度。同时，环境可持续还意味着污染排放速度不能超过空气、水、土壤吸收和处理的能力。因此，面向可持续的城市经济必须对这些自然资本进行管理，其内容主要包括：①为保护剩余的自然资本，如地下水、土壤、稀有生物的生境等而进行投资；②通过降低当前的开采强度（如对不可再生能源），来促成自然资本的增长；③通过投资扩大人工型自然资本规模以减缓自然资本存量的压力，如通过扩大市中心的娱乐型公园而减轻对天然森林的压力；④通过产品最终用途的效率，例如节能建筑、环境友好的城市交通等。

（三）加大生态环境保护力度，打造宜居新型城镇

新型城镇化，必须围绕人的城镇化这个核心，始终坚持以人为本，把宜居、生态放在首位。通过不断完善城镇的功能，改善人居环境、基础设施和公共服务，着力提高宜居生活水平。合理划定生态保护红线，扩大城市生态空间，增加森林、湖泊、湿地面积，将农村废弃地、其他污染土地、工矿用地转化为生态用地，在城镇化地区合理建设绿色生态廊道。加大生态建设的力度，维护和培植城市生态绿楔，打造生态"精品绿地"，实现城区园林化。高标准建设道路绿地。以基础和公用设施建设为突破口，实行全面绿化，提高公共绿地人均占有率，形成复合生态绿地系统，构成新型城镇的绿脉。重点发展绿色建筑，在建筑规划、设计、建造和使用过程中，应用环保建材和生态技术。构建绿色市政体系，加强雨洪利用和污水、中水等废水的再生利用，推进垃圾分类和资源化，促进资源循环利用。实施"生态住宅、垃圾分类、污水处理、小区绿化、节水节电"五个硬件建设工程，打造精品小区，建设高档的森林水景生态、具有田园风格特色的生态住宅。重点加快生活垃圾集中处理，实行生活垃圾定点存放、统一收集、定时清运、无害化处理，打造建设生态社区。

城镇建设，要实事求是确定城镇定位，科学规划和务实行动，避免走弯路；要体现尊重自然、顺应自然、天人合一的理念，依托现有山水脉络等独特风光，让城市融入大自然，让居民望得见山、看得见水、记得住乡愁；要融入现代元素，更要保护和弘扬传统优秀文化，延续城市历史文脉；要融入让群众生活更舒适的理念，体现在每一个细节中。在促进城乡一体化发展中，要注意保留村庄原始风貌，慎砍树、不填湖、少拆房，尽可能在原有村庄形态上改善居民生活条件。

（四）全面参与，推广绿色生活

以绿色生活为导向，以市场为基础、政府为引导、企业为主体、全民参与的绿色城市建设机制。政府要加强对绿色城市建设的总体思路、主要任务的规划设计和相关配套政策的制定，积极引导全社会参与绿色城市建设实践；企业在绿色城市建设模式的框架下，要以绿色发展为导向，全面推行绿色技术、绿色工艺和绿色生产；个人则要在衣、食、住、行等各方面按照绿色生活的基本要求，做到节能节约、健康生活。为此，在政策措施层面，现阶段迫切需要各级政府加大宣传力度，加强规划引导，强化法制建设与行政干预，全面构建以绿色城镇、绿色港口、绿色园区、绿色社区、绿色企业、绿色机关、绿色家庭等为主体的绿色示范体系，以便在全社会引导形成绿色城市建设的全民参与建设机制。

参考文献

Landsberg H E. 1981. The Urban Climate . New York：Academic Press，275.

Miller J R，2004.Living with the Environment（the 13rd.Edition）.Thomson Learning Asia Pre Ltd. 668-669.

Zhao Juanjuan，Chen Shengbin, et al. 2011. Temporal trend of green space coverage in China and its relationship with urbanization over the last two decades.Science of the Total Environment，442：455-465.

Zhou X L，Wang Y C，2013. Spatial-temporal dynamics of urban green space in response to rapid urbanization and greening policies. Landscape and Urban Planning，100：268-277.

理查德·P. 格林，詹姆斯·B. 皮克. 城市地理学[M]. 北京：商务印书馆，2011：137.

许学强，周一星，宁越敏. 城市地理学[M]. 北京：高等教育出版社，1996：13.

吴志强，李德华. 城市规划原理[M]. 4 版. 北京：中国建筑工业出版社，2010：3.

杨小波，吴庆书. 城市生态学[M]. 3 版. 北京：科学出版社，2014：210.

杨志峰，徐琳瑜. 城市生态规划学[M]. 北京：北京师范大学出版社，2008：22-23.

赵立祥. 日本的循环型经济与社会[M]. 北京：科学出版社，2007：75.

陈雪，孙小明，赵昕奕，等. 近三十年北京地区人居气候舒适度变化研究[J]. 干旱区资源与环境，2009，23（1）：71-76.

方创琳. 中国快速城市化过程中的资源环境保障问题与对策建议[J]. 中国科学院院刊，2009，24（5）：468-474.

方创琳，方嘉雯. 解析城镇化进程中的资源环境瓶颈[J]. 中国国情国力，2013，4：33-34.

韩士元. 都市农业的内涵特征和评价标准[J]. 天津社会科学，2002（2）：85-87.

江泽林. 当代农业多功能性的探索[J]. 中国农村经济，2006（5）：45-48.

杨志新，郑大玮. 北京郊区农田生态系统服务功能价值的评估研究[J]. 自然资源学报，2005，20（4）：564-571.

姚士谋，陆大道，王聪，等. 中国城镇化需要综合性的科学思维——探索适应中国国情的城镇化方式[J]. 地理研究，2011，30（11）：1947-1955.

张锦华，吴方卫. 现代都市农业的生态服务功能及其价值分析——以上海为例[J]. 生态经济，2008，1：186-189.

周维宏. 论日本都市农业的概念变迁和发展状况[J]. 日本学刊，2009（4）：42-55.

谈存峰，王生林. 兰州农业生态系统服务功能价值实证分析[J]. 西南农业大学学报：社会科学版，2012，10（4）：62-66.

国家统计局. 2010年第六次全国人口普查主要数据公报（第1号）[R]. 2011-04-28.

潘家华，魏后凯. 中国城市发展报告——迈向城市时代的绿色繁荣[R]. 北京：社会科学文献出版社，2013.

仇保兴. 全球视野下的城镇化模式思考[N]. 人民日报，2011-05-04.

彭文蕊. 广州：近十年年均新增建设用地38.6平方公里[N]. 南方日报，2013-07-30.

李干杰. "生态保护红线"——确保国家生态安全的生命线[OL]. 2014-01-21.

http://politics.people.com.cn/n/2014/0121/c369091-24180592.html.

新华网. 发改委：中国近400个城市缺水 约200城市严重缺水[OL]. 2010-03-30.

http://news.xinhuanet.com/fortune/2010-03-30/content_13269195.htm.

新华网. 国土资源公报：全国城市地下水质较差-极差级占55% [OL]. 2012-05-10.

http://news.xinhuanet.com/fortune/2012-05/10/c_111928070.htm.

张金平. 地面沉降：城市之痛[OL]. 2014-05-12.

http://www.cma.gov.cn/2011xzt/2014zt/20140508/2014050805/201405/t20140512_245869.html.

中国环境保护网. 我国城镇化的绿色选择[OL]. 2013-05-07.

http://www.epuncn.com/news/chengshi/74834_2.htm.

第二章　绿色城市建设[①]

2014 年 3 月，我国发布的《国家新型城镇化规划（2014—2020 年）》第十八章提出要加快绿色城市建设。建设绿色城市，就是要将生态文明理念全面融入城市发展，构建城市的绿色生产方式、生活方式和消费模式。绿色城市是顺应现代城市发展的新理念、新趋势，在协调人与自然关系的长期探索过程中，为了解决城市生态问题，改善人居环境，正确处理城市与环境关系而提出的一种城市发展理念和模式。

第一节　绿色城市思想的演变过程

绿色城市的思想和内涵随着社会和科技的发展，不断得到充实和完善。在处理城市与环境关系方面，最早的绿色城市思想源头可追溯至中国古代的"师法自然"、"天人合一"的城市建设思想，以及以古希腊和罗马为代表的西方城市建设思想。受当时经济技术条件约束，古代城市建设通常能够体现城市与环境的协调。例如，受紧张的环境与资源条件约束，古希腊的城市多依山就势，临海而建，分布相对独立，因而保留了很多独特的城市形态。罗马因为占据了大量的平原地带，土地资源丰富，城市的扩张相对容易，因此形成了许多规模较大、联系密切的城镇，也形成了相对完整而壮观的罗马式城市形态。

现代城市伴随着工业化发展而成长，凭借着对自然环境的强大改造能力，城市逐渐摆脱了自然资源的束缚，城市扩张与自然环境之间的冲突成为城市发展面临的新矛盾。从 19 世纪后期出现的"花园城市"，到现代的"生态城市"、"宜居城市"以及"紧凑型城市"，甚至具有专项意义的"低碳城市"等，都反映出人们对于城市与环境关系的认识与探索。

一、田园城市

1898 年，英国社会学家霍华德提出"田园城市"，标志着近代生态城市发展思想的发端。针对工业化背景下城市发展中存在的城市环境恶化、农业用地大量丧失、城市与自然之间日渐疏离等弊端，霍华德强调要建设城乡村一体，自给自足、自我平衡的"田园城市"。他认为："田园城市是为了安排健康的生活和工业而设计的城市，其规模有可能满足各种

---

① 本章作者：殷培红，李漫，马丽。

社会生活，但不能太大，四周要有永久性的农业地带围绕，城市土地归公众所有或托人为社区代管。强调城市与乡村的密切接触"。他还提出用田园（Garden），即城市周边的农田和园地控制城市用地的无限扩张。"田园城市"理论对后来的生态学派的城市发展理念具有重要的启蒙作用，影响了英国和美国等国的很多小城市建设。例如，城市以公园为中心、放射状与环形结合的路网结构、分区制、绿带规划等（谢鹏飞，2011）。1903年建成的英格兰莱奇沃思镇（Letchworth town）是由霍华德亲自设计的第一座田园城市。历经百年之后，该镇仍然是英国最宜人居的城市之一。

1923年成立的"美国区域规划协会"是美国历史上倡导田园城市思想的最重要的机构之一。1924年，"萨尼塞田园城"在纽约市破土兴建。20世纪20年代开始的"美国田园城市和区域规划运动"，尽管没有取得大的实践进展，但在理念上把田园城市的基本原则与更广泛意义上的区域规划结合起来，并促使以下两个新概念的出现：一是由克劳伦斯·帕利从1929年起开始倡导的"邻里单元"概念，它主张将居民区面积控制在以学校、商店等公用设施为中心、以步行可达距离为半径的范围之内，通过这种方式，加强城乡社会的亲合力。二是瑞本模式，由施坦因和亨利·莱特在1927—1929年提出。它起源于新泽西州瑞本市区的一次田园城市试验，主要特征是实行人车交通分离模式。罗斯福新政时期建设的马里兰州绿带、俄亥俄州的格林希和威斯康星州的格林代尔两个移民区都以此为借鉴。

二、生态城市

1972年，联合国教科文组织在"人与生物圈计划"第57集报告中，正式使用生态城市一词。报告提出"生态城市规划，要从自然生态和社会心理两方面去创造一种能充分融合技术和自然的人类活动的最优环境，诱发人的创造性和生产力，提供高水平的物质和生活方式"。1984年，"人与生物圈"计划首次提出生态城市规划的五项原则：生态保护战略；生态基础设施；居民的生活标准；文化历史的保护；将自然融入城市。同年，前苏联城市生态学家亚尼茨基认为，生态城市是指自然、技术、人文充分融合，物质、能量、信息高效利用，人的创造力和生产力最大限度发挥，居民身心健康和环境质量得以保证的一种人类聚居环境。

在生态城市规划领域，严格意义的生态城市是从生态学的能量流动和物质循环角度描述的一种城市形态。生态城市是"一种不耗竭人类所依赖的生态系统，且不破坏生物地球化学循环，为人类居住者提供可接受的生活标准的城市"（Rodney，2009）。与传统城市相比，理想生态城市的物质流应是闭合循环的。但在现实中，设计生态城市只要通过整合城市的能源流动、物质流动、水文流动、生物流动，甚至人的流动和信息流动，将城市的资源消耗和污染排放最小化，就能够尽量做到对自然环境影响的最小干扰和破坏（杨沛儒，2010）。

国际上，从理论到实践对生态城市建设产生重要影响的是美国生态学家雷吉斯特（Register）。他认为生态城市追求的是人类和自然的健康和活力，并以"重建城市与自然点平衡"为宗旨，成立了两个非营利性组织，即1975年成立的"城市生态组织"和1992年成立的"生态城市建设者协会"。在这些组织的积极推动下，对美国旧金山的伯克利市进行了卓有成效的改建。他们修复了几十年前被填埋的部分城市河段，重新把街道设计成"慢行街道"，开辟公共汽车专用道，在街道两旁栽种果树，把停车场改造为植物园和城市花园，把庭院中设置太阳能温室写入法律，制定节能条例等。将建设生态城市的原则从最初的土地开发、城市交通和强调物种多样性的自然特征，扩展到涉及城市社会公平、法律、技术、经济、生活方式和公众的生态意识等多方面的丰富体系。伯克利生态城市的成功实践被世人誉为"生态城市"的样板。同时，伯克利发展的都市农业也创造了一种新型的生态农业范本，并推动了美国联邦 2000 年《有机农业法》的颁布。

专栏 2-1　雷吉斯特的生态城市理念

　　雷吉斯特及其团队的生态城市理念主要体现在他的两部专著《生态城市：建设与自然平衡的人居环境》(*Ecocities: Rebuilding Cities in Balance with Nature*)、《生态城市伯克利：为明日健康建设生态城市》(*Ecocity Berkeley: Building Cities for a Healthy Future*)，以及他创刊的《城市生态学家》(*Urban Ecologist*) 杂志中。此外，自 1990 年开始，其团队不定期举行国际生态城市研讨会，为生态城市研究者和实践者提供交流机会。

　　雷吉斯特认为，建设生态城市首先要遵循生态学中的共生原则：为他人考虑，包括植物、动物和地球本身，这样他人也会为你考虑。为他人考虑包括两层含义：对他人友善，同时自己获利。其次，要按照生命系统的本来面目建设城市。城市应该是紧凑的，是为了有生命的群体，尤其是为人类而设计的，而不是为了汽车等机器而设计。第三，建设生态城市要满足三个环境先决条件：保护、循环和保存生物多样性。

　　经过 20 多年的实践探索，针对具体的生态城市设计，雷吉斯特及其领导的"城市生态组织"不断丰富完善生态城市的理论与实践，1996 年提出的生态城市十原则主要包括：

　　（1）修改土地利用开发的优先权，优先开发紧凑的、多种多样的、绿色的、安全的、令人愉快的和有活力的混合土地利用社区，而且这些社区靠近公交车站和交通设施；

　　（2）修改交通建设的优先权，使得步行、自行车、马车和公共交通出行方式优先于小汽车，强调"就近出行"(access by proximity)；

　　（3）修复被损坏的城市自然环境，尤其是河流、海滨、山脊线和湿地；

　　（4）建设体面、低价、安全、方便、适于多种民族、经济实惠的混合居住区；

　　（5）培育社会公正性，改善妇女、有色民族和残疾人的生活和社会状况；

　　（6）支持地方化的农业，支持城市绿化项目，并实现社区的花园化；

　　（7）提倡回收，采用新型优良技术 (appropriate technology) 和资源保护技术，同时减少污染物和危险品的排放；

　　（8）同商业界共同支持具有良好生态效益的经济活动，同时抑制污染、废物排放和危险有毒材料的生产和使用；

　　（9）提倡自觉的简单化生活方式，反对过多消费资源和商品；

　　（10）通过宣传活动和教育项目，提高公众生态可持续发展意识、局部环境和生物区域 (bioregion) 意识。

我国生态城市实践总体处于起步阶段，其理念探讨始于 20 世纪 80 年代。1988 年王如松撰写了《高效和谐——城市生态调控原则与方法》一书，1989 年黄光宇提出了生态城市的衡量标准，1990 年钱学森提出的具有中国特色的"山水城市"设想，1996 年王如松和欧阳志云提出了天城合一的中国生态城市思想以及生态城市建设的控制论原理和原则，2001 年曲格平先生提出生态城市是社会和谐、经济高效、生态良性循环的人类住区形式。2002 年，国际第五次生态城市大会在我国深圳召开，并发表了世界首个生态城市建设的纲领性文件《生态城市建设深圳宣言》，系统提出了生态城市建设的目标、原则、评价和管理思想方法。《深圳宣言》的核心内容主要包括：保护非再生自然资源、珍惜赖以生存的生态环境、抢救逐渐消亡的历史文化、统筹经济发展与环境建设、建设舒适宜人的绿色家园、缩小区域差异与平衡、重视科学规划与有效实施、承担历史赋予的社会责任等。

从生态哲学角度看，生态城市实质是实现人与自然的和谐。从生态经济学角度看，生态城市的经济增长方式是集约内涵式的，采用既有利于保护自然价值，又有利于创造社会文化价值的生态技术，建立生态化产业体系，实现物种生产和社会生活的"生态化"。从生态社会学角度看，生态城市的教育、科技、文化、道德、法律、制度等都将"生态化"。从城市规划学角度看，生态城市表现为空间结构布局合理，环境基础设施完善，生态建筑广泛应用，人工环境与自然环境协调和融合。从资源利用方式上看，水电、太阳能、风能等可再生能源将成为主要能源形式。从地理空间看，生态城市是城乡复合体，城与乡融合（曲格平，2004）。

三、宜居城市

随着工业化与城镇化的推进，人们对城市应当具有的宜居功能越来越重视。1961 年，世界卫生组织总结了满足人类基本生活要求的条件，提出了居住环境的基本理念，即安全性、健康性、便利性、舒适性。1976 年，联合国在温哥华召开首次人类住区大会。随后在内罗毕成立了"联合国人居中心"，开始了广泛的关于人居环境建设与研究的促进工作。1996 年，联合国在伊斯坦布尔召开第二次人类住区大会。大会提出城市应当是适宜居住的人类社区，城市的"宜居性"要体现在空间、社会和环境的特点与质量上。1999 年，现代建筑国际协会在北京召开会议，拟定了《北京宪章》。《北京宪章》指出，要创造美好宜人的生活环境；要发展着眼于人居环境建造的建筑学；建筑师要在有限的地球资源条件下，建立一个更加美好、更加公平的人居环境等。

1974 年，大卫·史密斯在其著作《宜居与城市规划》中，以 19 世纪后半叶的历史为基础，倡导宜居的重要性，并进一步明确了宜居的概念。宜居包括三个层面的内容：一是公共卫生和污染问题等层面上的宜居；二是舒适和生活环境美好所带来的宜居；三是由历史建筑和优美的自然环境所带来的宜居。2004 年 2 月发表的《伦敦规划》中，将"宜人的城市"作为一个核心内容加以论述，提出了建设宜人的城市、繁荣的城市、公平的城市、可达的城市和绿色的城市等发展目标。

北京在国内最早提出建设"宜居城市",并列入《北京城市总体规划(2004—2020 年)》的发展目标。2014 年 2 月 26 日,习近平总书记在考察北京时进一步指出:"北京的发展,要坚持和强化首都核心功能,要调整和弱化不适宜首都的功能,努力把北京建设成为国际一流的和谐宜居之都"。和谐宜居,是人们对城市生活幸福感的描述。宜居城市是指经济、社会、文化、环境协调发展,人居环境良好,能够满足居民物质和精神生活需求,适宜人类工作、生活和居住的城市。

由以上实践可以看出,宜居城市在城市环境营造等方面与生态城市有很多重叠之处。明显的区别在于,宜居城市是从人的直观感受角度描述城市发展的一种理念。优美宜人的城市环境是宜居城市给人最直观的感受和印象。对宜居城市的理解可分为两类。狭义的宜居城市是指气候条件宜人、生态景观和谐、人工环境优美、治安环境良好、适宜居住的城市,这里的"宜居"仅仅指适宜居住。广义的宜居城市则是指人文环境与自然环境协调,经济持续繁荣,社会和谐稳定,文化氛围浓郁,设施舒适齐备,适于人类工作、生活和居住的城市,这里的"宜居"不仅是指适宜居住,还包括适宜就业、出行及教育、医疗、文化资源充足等内容。在国内宜居城市建设实践中,对宜居城市的概念应采取广义的理解。

专栏 2-2　宜居城市建设

借鉴国内外经验,宜居城市建设应重点加强空间结构、生态环境、文化建设、交通系统和住房体系等五个方面的工作。

多中心的空间结构。城市交通拥挤、环境污染等不宜居性问题的产生,关键不在于城市规模的大小,而在于城市结构是否合理。虽然我国大城市生存空间紧张,对人口增长的承载能力有限,但其周边仍有很大发展空间。规划要引导城市由封闭的单中心格局向开敞式、多中心组团式结构转变。包括在大城市的中心城区外边发展多功能的中小城市。通过构建区域一体化的发展,实现宜居城市的区域性布局,在充分利用城市集聚经济效应的同时,维护和增加城市的宜居性,以达到宜居性和经济性的统一。

良好的生态环境。营造良好的生态环境是宜居城市建设的基本要素。要加强生态环境保护和建设,提高城区绿地率和绿化覆盖率,最大限度地减少对各项生态要素的破坏,加强绿地、水系、敏感区等生态系统建设;郊区加强农田和生态要素保护。实现绿地、林地和农地布局的均衡化、网络化,形成城乡一体化的生态布局和与自然共生的城市环境,建立良性循环的生态系统,优化城市生态安全格局。

多元化的城市文化。营造多元、包容的城市文化是宜居城市建设的重要条件。一方面,规划加强文化设施建设,通过公园、娱乐、运动场所等公共设施和公共场所建设,为不同群体的居民提供交流空间;另一方面,要重视文化内涵建设。形成多元化、包容性的文化氛围,提高城市生活品质和亲和力,增强城市开放度,吸引高素质的国际化人才生活居住,成为适宜国内外人士创业和生活的城市,为城市发展提供持续的动力。

低碳化的交通系统。低碳化的交通系统是缓解城市交通压力、减少大气污染、建设宜居城市的有效途径。根据能源利用、CO_2 排放量的可承受限度和宜居城市建设需要，对于我国城市，尤其是北京、上海这样的特大城市，要引导发展公共交通。建立完善的公交系统，加强公共交通网络联系及换乘的便捷性。同时，引导投资政策的转变，减少对快速路及高速路的投入，加强城市开敞空间及便民步道建设。

多层次的住房体系。人人享有住房，是宜居城市建设的重要内容。规划布局要为不同收入群体留下充足的居住空间。一方面，建立面向低收入、中低收入的住房保障体系。形成在商品住房小区内以配建为主、集中建设为辅的保障性住房建设模式，使低收入、中低收入群体能够住得起、住得下；另一方面，也要完善面向中等收入、中高收入居民的商品房市场体系，控制面向高收入群体的高端及休闲房产，使中等收入、高收入群体住得好、住得舒适，形成结构合理、布局均衡、不同居住群体相互交融的住房体系。

四、低碳城市

低碳概念是在应对全球气候变化、提倡减少人类生产生活活动中温室气体排放的背景下提出的。2003 年英国政府发表了《能源白皮书》，标题为"我们未来的能源：创建低碳经济"（Our Energy Future：Creating a Low Carbon Economy），首次提出了"低碳经济"概念，引起了国际社会的广泛关注。《能源白皮书》指出，低碳经济是通过更少的自然资源消耗和环境污染，获得更多的经济产出，创造实现更高的生活标准和更好的生活质量的途径和机会，并为发展、应用和输出先进技术创造新的商机和更多的就业机会。英国政府为低碳经济发展设立了一个清晰的目标：2010 年 CO_2 排放量在 1990 年水平上减少 20%，到 2050 年减少 60%，从根本上把英国变成一个低碳经济的国家。同时，英国着力于发展、应用和输出先进技术，引领世界各国经济朝着有益环境的、可持续的、可靠的和有竞争性的方向发展。为此，英国建立了完善的减排政策措施体系，包括：推动立法，通过《气候变化方案》；制订气候变化税等经济政策，推动建立全球碳交易市场；在技术上，加大对可再生能源和低碳技术的投入；同时强调建筑和交通等重点部门的减排等。

随后，低碳的理念由经济发展领域扩展到社会生活领域。日本于 2007 年开始致力于"低碳社会"的建设，力图通过改变消费理念和生活方式，实施低碳技术和新的制度来保证温室气体排放的减少。

城市作为世界人口的生产和生活中心，是能源的主要消耗者和温室气体的主要排放者。随着城镇化进程的加速，城市（特别是处于发展过程中的生产型城市）的发展模式和发展轨迹成为全球低碳发展的关注焦点。学术界、国际组织和各国政府于 2007 年开始关注"低碳城市"的概念。城市的低碳化是实现低碳发展的关键，低碳城市既要涵盖低碳生产也要兼顾低碳消费。低碳城市应当以清洁发展、高效发展、低碳发展和可持续发展为目标，发展低碳经济，改变大量生产、大量消费和大量废弃的社会经济运行模式，同时改变生活方式、优化能源结构、节能减排、循环利用，最大限度地减少温室气体排放。

目前，不同国家的低碳城市发展的策略并不完全相同。英国、美国、法国等国家，大多数城市的行政辖域较小，主要的功能是居住和休闲。因此在低碳城市的设计和实施过程中，降低居住能耗、减少生活排碳、改善交通状况和交通用能就成为城市计划的主要内容。而在日本、韩国等国家中，更加注重从国家层面推行低碳发展计划和项目，在城市层面的低碳发展中也容纳了更多的产业发展的内容（戴亦欣，2009）。

表 2-1　国外低碳城市建设的部分实践

	生产	生活消费	交通与城市建设
日本横滨	绿色能源项目，联合兴建地区项目消减温室效应，风力"发电站"	城市垃圾分类细化	零排放交通项目，住宅节能性能评价制度，促进节能住宅的普及
韩国首尔	低碳发展，发展新能源及相关产业	提倡"变废为宝"活动	建设"能源环境城"，发展绿色公交和绿色铁路
英国布里斯托尔市	可持续发展价值评估	"碳中和生态村"，节能型住宅区建设	
英国伦敦	发展清洁能源技术市场，鼓励可再生能源发电	建设节能建筑；固体垃圾处理	氢动力交通计划，城市规划的修订必须融入可持续发展的气候变化的内容
法国巴黎	无	森林生态城市	城市自行车租借系统
阿联酋阿布扎比市	无	人均每日耗水 80 L，碳排放为零	城市里没有汽车，大量使用清洁能源

专栏 2-3　国内低碳城市的推进

从2008年开始，我国多个城市开始进行具有低碳特点的城市发展新模式的尝试。2008年，世界自然基金会启动了"中国低碳城市发展项目"，以期推动城市发展模式的转型，保定和上海是首批试点城市。

位于中国第三大岛崇明岛的上海市东滩地区，着手打造东滩生态城，希望建成世界上第一个碳中和区域。在新城中，热能和电力将通过风能、生物质能、垃圾发电和城市建筑物上的太阳能光伏发电直接获得，为满足燃料电池的需求，将建立全国第一个氢能电网，建筑物均采用环保技术，步行、自行车、燃料电池公交车等将是人们的出行方式。

保定市提出建设"中国电谷"的概念，依托保定国家高新区的新能源和能源设备产业基础，打造光伏、风电、输变电设备、高效节能、电力自动化等七大产业园区。"中国电谷·低碳保定"已成为保定产业发展与城市建设的新亮点与新品牌。

2009年11月，国务院提出我国2020年控制温室气体排放行动目标后，各地纷纷主动采取行动落实中央决策部署。不少地方提出发展低碳产业、建设低碳城市、倡导低碳生活，一些省市还向国家发展改革委申请开展低碳试点工作。在此背景下，国家发展改革委于2010年提出开展低碳省区和低碳城市试点，并出台《关于开展低碳省区和低碳城市试点工作的通知》，确定广东、辽宁等5省和天津、重庆、深圳等8市为第一批试点省市，北京市、上海市、海南省和石家庄市等在内29个城市和省区为第二批国家低碳试点区。

表 2-2　国内部分城市的低碳化实践

城市	目标设定	规划与行动
珠海	低碳经济区	推动液化天然气公交车和出租车的使用
日照	"气候中和"网络城市成员	普及居民太阳能热水器；公共照明设备使用太阳能光伏发电技术，在农村推广太阳能保温大棚、太阳能灶
保定、无锡	低碳城市	鼓励太阳能光伏设备生产企业的发展，进行公共照明和调整公路的太阳能照明工程
杭州	低碳产业、低碳城市	国内率先启动公共自行车交通系统，61 个服务点、2 800 辆自行车，免费向市民和游客出租，提倡低碳出行
上海	低碳的社区、商业区和产业区	世博会低碳建筑、临海新城太阳能光伏发电示范项目和崇明生态岛的碳中和规划区域；绿色变电站；节能灯泡进家庭计划
贵阳	生态城市战略规划	LED 节能照明试点项目，城市轻轨体系建设
昆明	低碳产业	兴建光伏发电站，发展生物质能经济
南宁	低碳城市	争取国家森林城市称号、林业总产值突破 2 000 亿元

第二节　国外绿色城市建设的经验借鉴

欧洲作为现代工业化与城镇化的发源地，较早地认识到了城市发展所带来的交通拥堵、生态破坏、环境污染等问题，也较早开展了绿色城市主义实践。从最早的田园城市、生态城市到低碳城市和宜居城市，欧美等发达国家都进行了诸多的探索与实践。

一、国外生态城市建设的实践案例

（一）温哥华：现代都市与自然美景的有机融合

2011 年，温哥华人口 230 万，是加拿大第三大城市，也是北美第二大海港和国际贸易的重要中转站。温哥华是一个把现代都市文明与自然美景和谐汇聚一身的美丽都市，宜人的气候和得天独厚的自然美景，使它成为最适合享受生活的乐园。近年多次被国际机构评为最适宜人类居住的城市：2003 年、2004 年被美洲旅行社协会授予"美洲最好的城市"，2004 年被国际城区协会授予"城区建设奖"，2005 年被英国经济学家智囊团授予"世界最适宜居住的城市"。

温哥华建设宜居城市的主要举措有：

保护绿色地带。绿色地带主要包括公园、供水区、自然保护区和农业地区等。对绿色地区的圈定确定了大都市区长期发展的边界，同时为管理人口增长提供依据。

建设完善社区。以设施建设为依托完善社区的建设，使得社区拥有更多的就业机会和生活便利，使居民的工作、生活与娱乐可以就地解决。通过都市区中心、区域中心、自治市中心等三类中心组成多中心网络，以促进经济与社区平衡发展。

实现紧凑都市。将未来的发展集中在现有的市区中，支持社区容纳中高密度居住区，从而使得人们能够就近工作和居住，更好地利用公交系统和社区服务设施，避免无序蔓延。

增加交通选择。鼓励人们使用公共交通系统，从而降低对私人汽车的依赖。交通发展的重点依次是步行、自行车、公交系统、货物交通，最后是私人汽车。

（二）新加坡：精细化管理下的花园城市

新加坡人口 543 万（2013 年），是马来西亚半岛最南端的一个热带城市岛国，面积 718.3 km^2，人稠地狭。经过 40 多年的建设，通过城市的精细化管理，在生态环境、住房保障、便捷交通、便利服务等方面大大提升了城市的宜居水平，连续多年被评为全球宜居城市、10 多次荣膺"亚洲人最适宜居住城市"称号。回顾新加坡的城市建设，有如下经验可以借鉴。

一是以城市规划为先导，实行严格的城市空间用途管制，充分合理利用空间资源。规划一经确定，任何人不得擅自变动，对于违反规划者可处罚款或 3 个月监禁。国土面积尚有 65%还没有开发利用，预留了较大的发展空间和集水、蓄水等生存空间。金融区、工业区等高度集中布局，居民社区采用多中心组团式空间格局，并与交通网络、生活基础设施和绿色公共空间密切结合。完善的功能分区不仅使城市居民感到清新怡人、和谐温馨，而且也极大地减少了居民汽车出行的概率。在道路建设上，除几条主要干道为双向车道外，其他均为单行道，且道路宽度设计合理，道路交叉搭接科学，既有效提高了道路通行效率，又减少了道路基础设施占地。宾馆、酒店、商场、机场等公共场所自来水龙头均装有自动感应系统，且出水时间很短，避免水资源浪费。

二是尊重自然规律，注重城市生态系统的整体打造，将城市置于花园中。道路绿化带、小区绿地和开放空间等各类绿地建设有机结合，形成"点线面"相结合的网络化布局，让城市居民不论在大街上，在组屋，还是在购物中心、宾馆、餐厅，目光所及的都是绿树青草。20 世纪 80 年代，开始着力在绿地种植果树，并引进更多的色彩鲜艳、香气浓郁的植物种类。90 年代，开始发展各式各样的主题公园，建设连接各公园的廊道系统。全城共建大小公园 337 个，包括组团之间建有大型公园和生态观光带。城市的垂直绿化、室内绿化、广场绿化、街道绿化真正做到了见缝插绿、土不露天。所有植物皆无刻意修剪的痕迹，尽可能保持自然生长的状态，同时又减少了由于大量修剪带来的人力、物力资源浪费。绿色植物不仅美化了环境，还为地处赤道附近的城市创造了清爽的环境，弱化了钢筋混凝土构架和玻璃幕墙僵硬的线条，增加了城市的亲和感。在城市空间管理上，强调对自然的关怀，凡是有山的建筑都依山就势、保持山景的完整，凡是临水住宅，都拥有大片的休闲区和亲水平台。高速公路的过街天桥还有专为动物而设的通道。这些细节设计都体现了人与自然和谐共生的理念。

三是体现对人的关怀。在城市居民社区建设上，合理分布组团内的配套设施，充分考虑自然与人文的景观轴线，注重实与虚并重，相映成趣，使组团具有较好的围合感。在商业网点配套上，除中央商务区外，还有区域中心、边缘中心、邻里中心等，对网点的选址、布局、规划具体而细致，甚至是销售商品的各类都有细则规定，使城市商业网点有序发展。在交通布局上，凡城市副中心、大型组屋区、地铁交汇点，一般都建有大型换乘中心，体现多种功能整合。在建设实施上，推行"地下管廊"，将各种管线系统与道路工程同步建设，一次到位，避免重复建设和对城市交通的负面影响。

（三）德国弗赖堡：环保产业支撑生态城市建设

德国西南部的弗赖堡市辖面积约为 $120~km^2$，其中林地占到了 43%。弗赖堡最为著名的是它的太阳能产业和节能环保的城市发展模式。它拥有欧洲最大的太阳能开发研究机构，与此相关的就业人数占到全部就业人口的 3%。同时，它在城市垃圾处理、清洁能源利用、绿色公共交通以及公众参与环保等方面都有着世界领先的发展规划和实践经验。

因地制宜，选择适合的产业。弗赖堡是德国阳光最丰富的城市。当年经过激烈的争论，最终放弃核能而选择太阳能作为城市的能源，并且以此为中心逐步发展太阳能及相关产业，成为从研发、生产到消费的全产业链体系。这其中，企业不仅是环保产业的技术支撑者，通过不断领先的技术获得企业经营的持续收益，同时也是环保行为的推动者，通过员工及消费宣传环保产品，推广环保理念，带动全民的环保自觉行为。产业与城市的良性互动，促进双方的可持续发展。

图 2-1 弗赖堡的太阳能社区——沃邦

构建城市系统化生态发展模式。能源、水、固废、交通和绿色空间是弗赖堡绿色城市的重要标志，在各个要素的设计中，要素之间的紧密联系、统筹安排更是体现了规划者的匠心独运。太阳能利用是城市发展的产业基础，同时与每个居民的生活密切相关。居民在自家的屋顶铺设光伏板，除了满足自己的能源需求外，还可以将多余的电输入城市电网，获取收益。在防洪、节水的同时，将滨水景观的打造与水利工程相结合，使其成为市民喜爱的公共活动空间；固废的处理从源头做起，提倡节俭的生活方式，减少垃圾的产生。垃圾分拣后，将不可回收的部分集中到郊外的发电厂焚烧，为城市提供能源，同时也吸引了清洁能源相关企业的汇集，还衍生出一些环保教育功能，教育市民从小培养环保意识；城市交通一方面在总体规划时就考虑到如何减少交通量，将主要的居民区布置在公共交通沿线，线路规划时考虑到安全的自行车和步行道路，并且和景观带相结合，鼓励低耗能的交通方式，同时也创造健康运动的场所；城市绿色空间的布局统筹考虑了节水、减少固废，主要以本地乔木、灌木为主，大量减少修剪产生的固废，并且以分散的方式设置居民参与度高的都市小花园，服务于小社区、小环境，一方面增强了其生态服务功能，另一方面由于可以由市民打理，减少了集中管理的成本，而且鲜花、水果也可为市民家庭消费，带来了一定的经济价值。此外，所有生态要素的管理发展，都强调了公众的教育职能，是开放的空间，鼓励市民的参与，将大的城市生态系统的支撑落实在小处，从小时候培养意识，进行有效的执行。

珍重与传承城市文化。弗赖堡在发展先进技术产业的同时，对老城区的保护和更新也十分重视。一方面保护老建筑、老的街巷景观，全城街巷依然遍布着中世纪就有的沟渠。另一方面改善道路景观和设施，形成宜人的步行街区，复兴原有的城市活力。让人们从历史中体会人与自然、人与人的和谐发展之道，在今天以及未来的发展中进行传承和发扬。

在弗赖堡，我们能看到环保技术进步带来的正效益：它不仅改善并提高了市民生活环境，同时，不断领先的技术保持着较高的经营效益，而资源的高效利用又降低了生产和生活成本，形成经济—环境—社会的良性循环。虽然市民对由于绿色发展而对生活方式的严格限制也有微词，但还是会骄傲地说"世界上只有两种人，一种是住在弗赖堡的人，另一种是想住在弗赖堡的人"。

二、国外低碳城市建设的实践案例

（一）英国：低碳城市规划和实践的先行者

为推动英国尽快向低碳经济转型，英国政府成立了一个私营机构——碳信托基金会，负责联合企业与公共部门，发展低碳技术，协助各种组织降低碳排放。碳信托基金会与能源节约基金会联合推动了英国的低碳城市项目（Low Carbon Cities Programme，LCCP）。首批3个示范城市（布里斯托、利兹、曼彻斯特）在LCCP提供的专家和技术支持下制定了全市范围的低碳城市规划。伦敦市也就应对全球气候变化提出了一系列低碳伦敦的行动计划，其中最重要的是2007年颁布的《市长应对气候变化的行动计划》。总的来说，英国的低碳城市规划和行动方案有以下主要特点（全球节能环保网，2013）。

（1）低碳城市规划目标单一，即促进城市总的碳排放量降低，并为此提出了量化指标。减碳目标的设定基本是依照英国政府承诺来进行，2020 年全英国 CO_2 排放在 1990 年水平上降低 26%～32%，2050 年降低 60%。各种措施的制定、实施和评估都是以碳排放减少量来衡量。根据英国全国目标，伦敦市行动计划明确提出要将 2007—2025 年间的碳排放量控制在 6 亿 t 之内，即每年的碳排放量要降低 4%。

（2）低碳城市的主要实现途径是推广可再生能源应用、提高能效和控制能源需求。例如，在布里斯托市的《气候保护与可持续能源战略行动计划 2004/6》中，控制碳排放的重点在于更好地利用能源，包括减少不必要的能源需求、提高能源利用效率、应用可再生能源等。

（3）低碳城市规划的重点领域是建筑和交通。以布里斯托市为例，2000 年全市碳排放量中，住宅和商用建筑的排放量占 37%，交通占全部碳排放量的 36%，工业碳排放占 22%。伦敦市碳排放总量中，家庭住宅占到 38%，商用和公共建筑占 33%，而交通占 22%。因此低碳城市的重点在于降低这三个领域的碳排放。

（4）低碳城市规划强调战略性和实用性相结合。在提出可测量的碳减排目标和基本战略的同时，实现途径的选择强调实用性，以争取最大程度的公众支持。如在《伦敦应对气候变化行动计划》中专门指出，存量住宅是伦敦最主要的碳排放部门（占全市碳排放的 40%），但只要 2/3 的伦敦家庭采用节能灯泡，每年能够减少 57.5 万 t CO_2 排放；如果所有炉具都转换为节能炉具，则能够再减少 62 万 t CO_2 排放。

（5）低碳城市建设强调技术、政策和公共治理手段并重。在推广新技术、新产品应用的同时，构建鼓励低碳消费的城市规划、政策和管理体系。政府发挥引导和示范作用，并鼓励企业和市民的参与，综合运用财政投入、宣传激励、规划建设等手段，通过重点工程带动低碳城市的全面建设。例如，英国碳信托基金会与 143 个地方政府合作制订地方政府碳管理计划，旨在控制和减少地方政府部门和公共基础设施的碳排放。

（二）日本的低碳城市和低碳社会建设

作为《京都议定书》的发起国和倡导国，日本提出打造低碳社会的构想并制定了相应的行动计划。日本认为，低碳社会应遵循的原则是：减少碳排放，提倡节俭精神，通过更简单的生活方式达到高质量的生活，从高消费社会向高质量社会转变。

早在 2004 年，日本环境省就发起了"面向 2050 年的日本低碳社会情景"研究项目，其目标是为 2050 年实现低碳社会目标而提出具体对策。2008 年 6 月，当时的日本首相福田康夫以日本政府的名义提出了新的防止全球气候变暖的政策，即著名的"福田蓝图"，指出日本温室气体减排的长期目标是：到 2050 年日本温室气体排放量比 2008 年减少 60%～80%。这是日本低碳战略形成的正式标志。2009 年 4 月，日本环境省又公布了名为《绿色经济与社会变革》的政策草案。其目的是通过实行减少温室气体排放等措施，强化日本的低碳经济。日本政府重视发展低碳经济有主客观两方面的原因：从客观上讲发展低碳经济是日本面对自身所处客观环境的必然选择。日本国内的资源极为匮乏，而日本又是世界最发达的经济体之一，生产和生活对资源依赖度高，发展低碳经济和开发新型能源是一条重要出路。同时，作为岛国，气候变化对日本的影响远大于其他国家。

日本的低碳城市建设过程中体现了各部门共同参与。其低碳社会规划的第一条原则就是在所有部门实现碳排放的最小化，最大限度地挖掘各经济部门的碳减排潜力。企业应开发温室气体排放量少的商品；民众也应改变生活方式，选择环保产品；向普通家庭普及太阳能电池板；推广高效的热泵等。低碳社会规划在强调所有部门共同参与原则的同时，在具体实施上有所侧重，尤其以交通、住宅与工作场所、工业、消费行为、林业与农业、土地与城市形态等为低碳转型的重点领域。

日本是注重法制建设的国家。在创建低碳城市上，首先从制定专门性的立法和行业规范来推进低碳城市立法。2012 年 8 月 29 日，日本参议院全体一致通过了《城市低碳化促进法》，该法通过推进建设可持续性的区域规划，将分散型城市结构向集约型城市结构转化，以减少二氧化碳排放量；该法新设了对绝热性能好的住宅进行认定，并对其进行所得税减免的制度，目的是为了普及节能型住宅。该法由总则、基本方针、低碳化城市规划的特别措施、普及低碳建筑的促进措施、杂则、罚则组成，共六章六十六条。

日本举国推行低碳城市建设，各大城市纷纷加入建设低碳社会的行列。比如，在 2008 年 7 月，日本政府选定了 6 个积极采取切实有效措施防止温室效应的地方城市作为"环境模范城市"，包括横滨、带广市、富山市等成为首批代表，它们通过削减垃圾数量、开展"绿色能源项目"、"零排放交通项目"等措施，实现向低碳社会转型。比如，富山市公共交通、城市取暖、垃圾处理方面进行了全面的改造。在《京都议定书》的签署地京都，近年来为了实现低碳化，开始尽量减少城市照明及家庭用电，大力开展家庭太阳能发电技术。而东京是日本低碳城市建设最为成功的典范之一，在大力开发与研究低碳能源、低碳科技、低碳交通、低碳建筑以及提倡低碳工商业与低碳家庭生活方面等取得了很大的成效，是目前重要的低碳城市先行者。

专栏 2-4　日本东京低碳城市建设的基本经验

日本东京位于本州关东平原南端，总面积 2 155 km²，人口约 1 300 万，是世界上人口最多的城市之一。2006 年东京都政府出台了"十年后的东京"计划，提出了具体的减排目标，即 2020 年东京的碳排放量在 2000 年的基础上减少 25%，拉开了建设低碳社会的序幕；2007 年 6 月发表《东京气候变化战略——低碳东京十年计划的基本政策》，详细制定了东京政府应对气候变化的中长期战略。东京发展低碳城市的主要做法有：

开发清洁能源。低碳能源是建设低碳城市的基本保证。面对能源危机，东京大力研究、开发与利用绿色低碳能源，包括太阳能、生物质能源、风电、水电的新技术新工艺。1998—2008 年，东京使用一次能源的比例逐年增加，减少利用碳基能源（石油、天然气、煤炭），能源结构清洁化程度不断提高。

研发低碳技术。2007 年东京都政府联合其他职能部门在全市成功推行了物联网应用。"东京所有尽在计划"中，应用先进技术将东京市内所设"场所"及"物品"赋予唯一的固有识别码，将真实世界的资讯或内容进行数字化处理后与虚拟现实空间结合。东京大学曾参与低碳信息化项目，将建筑物内的空调、照明、电源、监控、安全设施等子系统联网，对电能控制和消耗进行动态、有效配置和管理。传感技术和智能技术的应用大大减少了电能消耗。

提倡生态交通。2006 年东京交通部门的 CO_2 排放量占总排放量的 26.2%，高达 1 466 万 t。为减少交通部门的碳排放量，东京采取了多种节能减排措施，主要有：提倡使用低污染、低耗能汽车，东京都政府对购买者给予一定的财政补贴；为促进生物柴油应用计划，东京开始在市区范围内的公共汽车上使用生物柴油，并开展第二代生物柴油的应用论证和研究；提倡生态驾驶，杜绝突然加速与减速行为、飙车与发动机长时间空转现象。生态驾驶还被编入驾驶员培训教材，力图从基础上培养驾驶员的良好习惯；东京超过 80%的公司员工、学生早晚出行是乘坐轨道交通。轨道交通还将许多大城市连接在一起，乘坐著名的"新干线"，许多日本人可以在东京工作，而居住在大阪、神户、京都等其他大城市，大大缓解了大城市交通和居住压力。

推广绿色建筑。据统计，2005 年整个东京 60%的能耗来自于建筑。为此，东京政府出台了《东京绿色建筑计划》、绿色标签计划、《2007 年东京节能章程》、《2008 年东京环境总体规划》等政策。东京在政府机构中广泛采用节能措施，为节能理念与节能技术推广起到示范作用。东京都政府要求面积达到 1 万 m^2 的新建建筑，必须向政府提交环境报告，促使建筑物拥有者进行低碳设计。引导政府机构、学校、医院等市政机构使用绝热性好、节能效率高的电器设备、增加绿化面积、使用可再生能源等。根据《2008 年东京环境总体规划》，东京政府计划将新建筑的节能标准从现在的 14%提高到 2016 年的 65%，以最大限度地降低房屋的能耗水平。

加强工商业节能。2006 年东京都政府发布《东京 CO_2 减排计划》，针对大型商业机构提出了碳减排强制性政策，政府根据法定标准对企业提交的碳减排规划与措施报告进行评估定级并向社会公布。2010 年 4 月 1 日，亚洲首个碳信用交易计划"现身"日本东京，揭开了碳交易在亚洲实行的序幕，东京都政府颁布的《强制碳减排与排放交易制度》，对 1 100 家商业机构与 300 家工厂提出了节能减排的硬性要求，要求大型商业机构 2020 年的碳排放量在 2000 年基础上减少 17%。

鼓励生活节能。2006 年东京都政府引入并实施了能效标签制度，政府通过评估家电产品的节能程度与运行成本，分为 5 个等级，消费者可根据家电产品的节能等级选购，以提高家电产品的节能效益。2009 年东京都政府推行了能源诊断员制度，旨在培养一批能够为单个家庭提供节能潜力评估和方案制定服务的专职人员，以促进家庭节能。推广白炽灯与低能耗日光灯更换计划，政府与超市、电器店合作、联合推广节能灯具，呼吁公民自觉开展节能灯具更换。

三、国外生态、低碳城市建设的启示

总体来看，这些城市发展理论有着各自角度和理论背景，但核心价值观都聚焦于城市的可持续发展，并将资源环境问题的应对作为城市规划与管理的主要核心，其范围涵盖了绿色、循环、低碳等多重含义，其主要途径和方式也具有很多共同性，即通过改善城市空间格局、交通网络，恢复城市自然生态系统，引入可再生、清洁能源等方式来使城市自然资源消耗下降和污染排放最小化，降低城市生态足迹，提高城市的生活质量和环境质量，促进人与自然和谐共生。

目前，我国生态、低碳城市建设总体水平与国外差距较大，可重点借鉴以下国际经验（新玉言，2013）。

1. 生态城市的环境承载能力是城市发展的重要基础

从生态学角度来看，城市发展以及城市人群赖以生存的生态系统所能承受的人类活动强度是有限的，也就是说，城市发展存在生态极限。建设生态城市，实现城市经济社会发展模式转型，必须坚持城市生态承载力原则，科学地估算城市生态系统的承载能力，并运用技术、经济、社会、生活等手段来保持和提高这种能力，合理控制与调整城镇人口的总量、密度与构成，综合考虑城市的产业种类、数量结构与空间布局，重点关注直接关系到城市生活质量与发展规模的环境自净能力与人工自净力，关注城市生态系统中资源的再利用问题。

2. 生态、低碳城市建设需要加强区域合作与城乡协调发展

一个城市只注重自身的生态性是不够的，为了自身的发展，不惜掠夺外部资源或将污染转嫁于周边地区的做法与生态化发展理念背道而驰。城市间、区域间乃至国家间必须加强合作，建立伙伴关系，技术与资源共享，才能形成互惠共生的网络系统。

3. 生态、低碳城市建设需要有切实可行的规划目标作保证

国外的生态城市建设均制定有明确的目标并且以具体可行的项目内容做支撑。面对纷繁复杂的城市生态问题，国外生态城市的建设从开始就注重对目标的设计，从小处入手，具体、务实，直接用于指导实践活动。美国的伯克利的规划被誉为全球生态城市建设的样板。

4. 生态、低碳城市建设需要以发展循环经济为支撑

从节约资源和污染减排的角度看，发展循环经济是实现城市经济系统生态化的重要支撑力量，是建设生态、低碳城市成功与否的关键。将循环经济模式引入生态城市建设过程是生态城市建设的重要内容。

第三节 新型城镇化规划中的绿色城市建设

绿色城市建设具有低消耗、低排放、高效有序的基本特征，是一种城市集约开发与绿色发展相结合，人口、经济与资源、环境相协调，资源节约、低碳减排、环境友好、经济

高效的新型城市发展模式。其中，资源节约与低碳减排是绿色城市建设的具体推进方式，环境友好与经济高效是绿色城市建设的预期效果，前者是必要条件，为后者提供实现平台；后者是基本目标，为前者提供战略导向。绿色城市建设尤其要注重创新发展的驱动作用，包括科技、体制、管理、政策等多领域的综合创新，并进一步形成以市场为基础、政府为引导、企业为主体、全民参与的具体推进机制。

一、加快绿色城市发展的总目标

《国家新型城镇化规划（2014—2020年）》针对加快绿色城市发展，提出"将生态文明理念全面融入城市发展，构建绿色生产方式、生活方式和消费模式"。并对具体工作做了明确部署。

严格控制高耗能、高排放行业发展。节约集约利用土地、水和能源等资源，促进资源循环利用，控制总量，提高效率。加快建设可再生能源体系，推动分布式太阳能、风能、生物质能、地热能多元化、规模化应用，提高新能源和可再生能源利用比例。

实施绿色建筑行动计划，完善绿色建筑标准及认证体系、扩大强制执行范围，加快既有建筑节能改造，大力发展绿色建材，强力推进建筑工业化。

合理控制机动车保有量，加快新能源汽车推广应用，改善步行、自行车出行条件，倡导绿色出行。

实施大气污染防治行动计划，开展区域联防联控联治，改善城市空气质量。

完善废旧商品回收体系和垃圾分类处理系统，加强城市固体废弃物循环利用和无害化处置。

合理划定生态保护红线，扩大城市生态空间，增加森林、湖泊、湿地面积，将农村废弃地、其他污染土地、工矿用地转化为生态用地，在城镇化地区合理建设绿色生态廊道。

二、推进绿色城市建设的重点任务

（一）绿色能源

推进新能源示范城市建设和智能微电网示范工程建设，依托新能源示范城市建设分布式光伏发电示范区。在北方地区城镇开展风电清洁供暖示范工程。选择部分县城开展可再生能源热利用示范工程，加强绿色能源县建设。

专栏 2-5　第一批新能源示范城市

为推进能源生产和消费革命，促进生态文明建设，推进绿色城市建设，发挥可再生能源在调整能源结构和保护环境方面的作用，国家能源局确定了北京市昌平区等81个城市和8个产业园区为第一批创建新能源示范城市和产业园区。新能源示范城市（产业园区）

建设应以促进城市可持续发展为目标，结合新型城镇化建设，遵循新城镇、新能源、新生活的发展理念，确立可再生能源优先发展战略，充分利用当地可再生能源资源，积极推动各类新能源和可再生能源技术在城市区域供电、供热、供气、交通和建筑中的应用，显著提高城市可再生能源消费比重。下表节选了替代能源占总能源消费比例最高的 4 个城市和替代能源量最高的 4 个城市，对其重点建设内容做了对比。

城市	替代能源量/（万 t 标准煤/a）	占总能源消费比例/%	重点建设内容
福建建瓯市	50	38	重点发展生物质和小水电。利用木屑、竹木、秸秆及农林废弃物等生产生物质成型燃料，到 2015 年成型燃料消费量达到 30 万 t 以上；利用小水电和风电开展清洁电力互补应用，依托城东工业园区建设分布式光伏发电系统
新疆吐鲁番新区	0.6	33	将新能源利用与新城区建设相结合，利用区内丰富的太阳能和地热能资源开展太阳能光伏、光热和地源热泵等新能源技术的推广利用，根据城区用能需求开展微电网工程示范，探索建立新型的城市分布式能源供应体系
云南楚雄市	41	28	重点发展清洁电力和清洁燃料。建设小水电、小桐子油料和油茶油料生物柴油、光电建筑一体化、风电规模化利用等工程，利用小水电满足矿区和农村电力需求，利用生物质沼气和垃圾焚烧发电、大型风电、地面光伏电站和分布式光伏发电满足城区用电需求，利用小桐子油料和油茶油料作物生产生物柴油代替化石燃料
甘肃敦煌市	21	27	重点发展风电和光伏发电。建设大型风电场工程、光伏发电工程、城市微电网示范工程、分布式光伏发电应用工程等，利用风电和太阳能发电为城区提供清洁电力，在城区内探索各种新能源技术在城市建设中的应用，开展微电网工程示范
山西长治市	275	6.4	重点发展太阳能、风能和生物质能。规模化利用风电、光伏发电和生物质秸秆发电开发为城市提供清洁电力；利用太阳能和生物质能为城市提供热能和燃料，到 2015 年，太阳能集热器安装面积达到 100 万 m²，生物质成型燃料利用量达到 10 万 t，沼气利用量达到 6 000 万 m³
贵州遵义市	212	11	重点发展水能和生物质能。利用丰富的水能和农林生物质资源，发展小水电和生物质发电取代燃煤发电；结合农村用能需求建设大中型沼气和户用沼气工程替代化石燃料
陕西西安市	212	6.4	重点发展太阳能和生物质能。建设太阳能开发利用、生物质能开发利用项目、水利发电项目、新能源汽车项目等，在开发区和县级区域推广应用太阳能热水和供暖系统；在西咸新区推广太阳能建筑一体化应用，将热水、供暖、光伏发电和照明有机结合；在城区和周边农村地区推广生物质沼气和秸秆发电
江西赣州市	200	19.5	重点利用生物质能和小水电。利用农林废弃物和城市垃圾发展生物质直燃发电和垃圾填埋发电，到 2015 年，80%的畜禽养殖场建设大中型沼气工程；对现有小水电工程进行建设改造；积极推动分散式风电、太阳能热利用和地热能的互补利用

（二）绿色建筑

推进既有建筑供热计量和节能改造，基本完成北方采暖地区居住建筑供热计量和节能改造，积极推进夏热冬冷地区建筑节能改造和公共建筑节能改造。逐步提高新建建筑能效水平，严格执行节能标准。积极推进建筑工业化、标准化，提高住宅工业化比例。政府投资的公益性建筑、保障性住房和大型公共建筑全面执行绿色建筑标准和认证。

专栏 2-6　重庆：首个绿色建筑示范工程通过住建部验收

国家首批绿色建筑示范工程——后勤工程学院绿色建筑示范楼项目通过了住建部验收。该楼采用了自然通风、智能遮阳、墙体自保温、太阳能发电、土壤源热泵、中水回收利用、光导光纤照明、楼宇自动化控制、废弃物回收利用等 20 余项绿色建筑技术措施。

该项目是重庆市第一个绿色建筑示范工程。位于重庆市大学城后勤工程学院新校区西南角，总建筑面积 11 609 m²，2011 年 9 月投入使用，集住宿、餐饮、教学、办公、会议等于一体。

这栋楼充分利用太阳能，屋顶铺设有太阳能集热器，所集热量用于生活热水供应，每天最多能集热 15 t 水，到了夏天水温可达 70~80℃。屋顶还铺设了 40 m² 的太阳能光伏电池板，所集电量并入楼内局域网。

墙体选用的是重量轻、传热系数低的加气砼块，而且梁柱外表面挑出，再在整个外墙面抹 30 cm 保温砂浆。窗户采用中空断桥铝合金窗框、双层中空玻璃等，都是为了保温隔热。

楼内主要房间南北向布置，与重庆本地的主导风向（北偏西）和过渡季节的主导风向基本一致。中部设置有采光、通风天井，东西两端延伸向屋顶的楼梯间以及客房卫生间的排气通道，用来辅助通风。

这栋楼没有传统意义上的空调，而是充分利用地热能在大楼周边打了 120 口 100 m 深、直径约为 13 cm 的深井。采用地源热泵作为空调系统的冷热源，整栋楼冬暖夏凉。

每层楼外，垂直绿化错落有致，植被繁盛。一根白色的供水管从楼底穿过每层楼的绿化带。屋顶及周边的雨水通过管道收集进入地下室的中水收集池，过滤后用于景观与绿化用水。生活污水经生化处理后，回用于楼内卫生间的冲洗、景观及绿化用水。

这栋 5 层楼高的绿色建筑成本每平方米增加 475 元，但是运行一年，电费可省近 117 万元，水费省了 4 万多元。该项目节能率 79%，节水率 58%，非传统水利用率 37%，每年可节约标准煤 828 t、减少二氧化碳排放 2 174 t。按照实际运行数据测算，6.8 年即收回增加的成本投资。根据 2011 年 9 月到 2012 年 8 月的一年实际运营数据来看，总耗电量为 541 670 kW·h，年单位面积电耗为 46.66 kW·h/m²。如果水按照每吨 3.85 元来算，每年节约的用水费用是 11 299.23 t×3.85 元/t=43 502.04 元。除了经济账，从环境效益来看，每年相当于保护了 8 083 亩林地的生物质蓄积量。

（三）绿色交通

加快发展新能源、小排量等环保型汽车，加快充电站、充电桩、加气站等配套设施建设，加强步行和自行车等慢行交通系统建设，积极推进混合动力、纯电动、天然气等新能源和清洁燃料车辆在公共交通行业的示范应用。推进机场、车站、码头节能节水改造，推广使用太阳能等可再生能源。继续严格实行运营车辆燃料消耗量准入制度，到 2020 年淘汰全部黄标车。

（四）产业园区循环化改造

以国家级和省级产业园区为重点，推进循环化改造，实现土地集约利用、废物交换利用、能量梯级利用，废水循环利用和污染物集中处理。

（五）城市环境综合整治

实施清洁空气工程，强化大气污染综合防治，明显改善城市空气质量；实施安全饮用水工程，治理地表水、地下水，实现水质、水量双保障；开展存量生活垃圾治理工作；实施重金属污染防治工程，推进重点地区污染场地和土壤修复治理。实施森林、湿地保护与修复。

（六）绿色新生活行动

在衣、食、住、行、游等方面，加快向简约适度、绿色低碳、文明节约方式转变。培育生态文化，引导绿色消费，推广节能环保型汽车、节能省地型住宅。健全城市废旧商品回收体系和餐厨废弃物资源化利用体系，减少使用一次性产品，抑制商品过度包装。

专栏 2-7 机器"吃"进去餐厨垃圾 "吐"出来皂粉和有机肥

2014 年 10 月 25 日上午，苏州市首个餐厨垃圾资源化利用示范点在莫舍社区正式启用，现场亮相的餐厨垃圾处理系统装置吸引了莫舍社区众多居民好奇的目光，这台机器"吃"进去的是餐厨垃圾，"吐"出来的却是皂粉和有机肥。

这台餐厨垃圾处理系统装置，放入餐厨垃圾后，内部自行固液分离，固体经过生化处理变成有机肥料，液体经过油水分离后，做成有机皂粉，可以用来洗衣服，而产出的有机肥则可以用来浇灌小区花草和树木，美化小区环境。居民只需要每日把餐厨垃圾放入指定餐厨垃圾收纳盒，示范点为居民发放了专门的餐厨垃圾收纳盒，并提倡居民自主将收纳盒送到处理点，养成垃圾分类回收的好习惯。社区还准备拿出一块地，种植瓜果蔬菜，餐厨垃圾处理系统装置生产出来的有机肥正是种植的必需品。产出的有机皂粉，没有添加荧光剂和增白剂，使用起来安全放心，皂粉将定期免费提供给社区居民使用，让餐厨垃圾真正做到减量化、无害化、资源化。

餐厨垃圾的资源化处理方式有效地克服了传统的填埋、焚烧等方法带来的种种弊端与健康安全隐患，最大限度地达到了对餐厨垃圾的资源化利用。

第四节　国内外优化城市空间格局的理论与实践

越来越多的事实证明，城市形态与布局已成为影响城市节能减排、改善环境质量的重要因素。优化城市空间布局的重要手段之一就是城市空间规划。通过城市空间规划，统筹城市空间格局与自然环境的关系，可以对城市环境与发展过程中的布局性问题进行事前预防，减少城镇化进程中的资源环境代价、降低生态环境风险，保障绿色城镇化顺利有序地推进。

一、优化城市空间格局的基本内容

城市空间格局，也被称为城市地域结构，是指市域范围内各类设施和建筑物的布局表现，它是城市功能分区的外在表现。

城市空间规划，是对城市产业、交通、居住、基础设施、绿地、水系等做出的功能区布局与用地安排。城市空间规划是城市总体规划的核心组成部分，也是国土规划体系的重要专项规划之一。因此，优化城市空间格局是优化国土空间开发格局的应有之义，也是城市生态文明建设的重要战略任务之一。

专栏 2-8　古代城市规划中"天人合一"的思想

《周礼·考工记》是我国历史上第一部关于都城建设规制的经典著作，强调城市布局的方正和规整，把政治中心放在全城的核心位置，是古代"法天而治、象天设都"观念的反映，其中追求的"天人合一"是古代城市规划的优秀思想，也是后代都城规划的礼制思想的基石。

北京是古代城市中顺其自然、根据地形地势规划建设的典范。北京地势三面环山，一面向阳，西北高，东南低，河流基本走向是从西北流向东南。城市规划坐北朝南，引西北山前的水，从城市西北（西直门，也称水门）导入，从城市东南流出，形成良性循环。这种城市布局充分尊重了北京的自然环境。北京旧城基础是元大都城，明朝建都时先有规划而后建城，城市规划时融入永定河故道——高梁河水系，也就是历史上所说的"三海大河"、白莲潭、积水潭、太液池，现今称"六海"水系（南海、中海、北海、什刹前海、后海、西海）和西北的太行山余脉——西山、燕山，使整座城市借助山形水系融于自然风光。北京小平原为季风气候，冬季西北风寒冷、干裂，而春季以后东南风起，气候温暖湿润。北京城市在规划和建筑时充分注意这一特点，西北城墙修得宽厚、高大，少开城门（北面只开两座城门），以此阻挡西北风对城市侵袭；城市及民居建筑在东南方位开门，自然吸收东南风和充分利用光照，有利于城市形成良好的宜居环境。

北京城依据山形水系形成的著名景观是"银锭观山"。这一景观在什刹前海与后海交界的银锭桥。从桥上向西眺望，不仅水域波光，还有西山群峰。桥的位置居闹市，但从东向西却有清风徐来，这种城市空间通道的设计实为城市规划的精彩之笔（邹德慈，2014）。

（一）当代城市空间规划的主要思想

工业化阶段，从保护居民健康的角度，城市空间规划普遍采用将工业、商业、居住等功能区分开布局，以减轻工业、商业活动对居民的影响，降低污染的危害。由于交通基础设施的改善和汽车的普及，城市无序蔓延现象严重而普遍，人们的居住越来越远离工业、商业的集中区，功能分区式的城市布局导致了大量的钟摆式交通运输量。例如，1970—1990 年之间，加利福尼亚的人口增加了 40%，而城市和近郊土地面积扩张了 100%（雷吉斯特，2010）。1992—1997 年纽约州北部地区市区面积增长了 14.1%，而人口只增长了 0.5%（海道清信，2011）。2006 年，欧洲环境局（EEA）在《被忽视的挑战：欧洲城市的无序扩张》报告中指出，被调查统计的欧洲城市 1980—2000 年间，市区面积扩大比率明显高于道路长度和人口增长比率，道路增长也快于人口增长。

随着城市规模的扩张，城市生态足迹也不断扩大，水、能源、食品等越来越依靠远方区域的供应，城市正常运转高度依赖机动车、能源运输系统、冷藏保鲜技术的物流体系，大大增加了城市对自然资源和化学品的消耗，使得城市节能减排陷入布局性困局，这种锁定效应一时还难以消除。因此，无论从环境治理，还是预防角度，优化城市空间格局都已成为应对城镇化进程中生态环境风险的迫切需要。

20 世纪 90 年代以来，针对城市郊区蔓延、中心城市空洞化等问题，欧美、澳大利亚等西方工业化国家提出了城市精明增长的策略，主张建设紧凑型城市，城市规划领域也将这一城市空间发展理念称为"新城市主义"。紧凑型城市理论主张以紧凑的城市形态来有效遏制城市蔓延，通过设置城市的生长边界，保护郊区开敞空间，减少能源消耗，并为人们创造多样化、充满活力的城市生活。1997 年，紧凑型城市的重要倡导者之一布雷赫尼（Breheny）对紧凑城市做了如下的定义：促进城市的重新发展、中心的再次兴旺；保护农地，限制农村地区的大量开发；更高的城市密度；功能混合的用地布局；优先发展公共交通，并在交通节点处集中开发。

紧凑型城市理念的产生有两个渊源。一个是受欧洲中世纪城市形态的历史传统影响，欧洲委员会在其发表的《城市环境绿皮书（1990 年）》中最早提出了现代意义的紧凑型城市理念，肯定了高密度、复合功能的传统欧洲城市对城市可持续发展的重要价值。另一个源流来自美国，美国 20 世纪 70—80 年代以来的城市郊区化过程中，城市快速蔓延，居住区和服务设施低密度分散，中心城市空洞化而导致城市活力下降等问题，美国学者提出了城市及城市群发展要采取精明增长策略（也称为抑制城市无序扩展的城市成长策略）（海道清信，2011），要根据自然环境和经济条件设定合理的城市规模，建设紧凑型城市，促进城市可持续发展。例如，采用集中、紧凑的城市空间布局，减少土地占用，提高市政、生活服务设施的规模效益，降低服务成本，防止中心城市由于空洞化而失去活力；通过功能混合的用地布局，尽量拉近生活和就业单位距离，将各种生活服务设施布局在步行、非机动车可达范围内，以减轻对机动车的依赖。在城市近郊设置城市成长边界和绿色空间，限制市区无序蔓延等。目前，美国有 2/3 的州选择了"精明增长"作为城市发展策略。其中，俄勒冈州的波特兰市就是其中的典范之一。波特兰市从 1997 年发布《地区规划 2040》

开始实施"精明增长",至今,全市人口增长了一半,而土地面积仅增长了2%,并成为美国最具有竞争力的城市之一(马奕鸣,2007)。

自紧凑型城市的发展理念提出以来,如何处理城市发展的集中与分散、衡量城市的合理密度是长期困扰紧凑型城市建设的一个核心难题。目前比较一致的观点认为,一个城市应有一个合理的经济和生态规模,城市过大会导致生态环境恶化。高密度、高层建筑林立的巨大城市并不是紧凑型城市所提倡的城市形态。所谓的紧凑,要以人的居住与活动的适宜度、便利度来衡量。过高的城市密度意味着更多的交通拥堵、污染物排放,以及绿地减少,容易导致城市环境质量下降。而过低的城市密度,不仅不利于市政、生活服务设施达不到规模经济水平,也会带来土地资源浪费、过度依赖机动车、增加能源消耗和污染排放,延长上下班通勤路程等问题。例如有研究测算,如果整个城市具有 5 000 人/km^2 的平均人口密度,公共交通在成本-效益方面才具有吸引力(Rodney,2009)。总之,紧凑型城市理论发展至今,已经成为城市节约利用土地、能源、水资源和集约发展的同义词。

紧凑型的城市应具有以下 6 个方面的空间基本特征:①适当高的密度;②从城市中心到可满足人们日常生活需求的邻里中心,进行不同层次的多核心配置;③避免市区无序蔓延,尽可能使市区面积不向外扩展;④即使较少利用汽车出行,也可满足上学、上班、购物、就医等的日常需求,邻近有可供休憩的绿地和开发空间等;⑤城市圈通过公共交通网络实现高效连接;⑥维持循环型的城市生态流,并对城市周边农田、绿地及滨水地带进行保护和有效利用。

(二)优化城市空间格局的基本要求

从城市规划角度,优化城市空间格局需要重点处理好以下三大关系。

一是要处理好城市空间格局与区域环境的关系。城市的自然环境不仅是城市生存与发展的重要物质基础,而且也是影响和塑造城市特色的重要因素。城市的发展必须依据地形、气候、水文等区域环境特点,选择有利于人类安全的城市形态和空间格局。充分利用自然条件,就是随坡就势不挖山,顺其自然不填塘,依树造景不毁林,使城市人工环境与自然环境紧密融合,避免在环境改造中形成新的生态破坏问题。城市空间形态、建筑物的体量和配置以及水系系统的布局要有利于城市的流动性和连通性,如风、水的流动性和生物的迁移,这样有利于提高城市生态系统的多样性、稳定性和自净能力。工业区避免建在狭小的盆地、谷地以及山前等不利于大气污染物扩散的地带,从布局上避免对区域环境质量的不利影响。

二是要处理好城市生产、生活与生态空间的关系。当前的许多城市问题来源于前期规划布局的不合理。传统的规划主要依据人口规模和土地需求推算城市规模和城市扩张,然后再通过事后补救和修复的方法解决城市过度扩张带来的生态环境退化问题。城市布局应转换思路,必须根据自然环境留给人类的安全空间来确定城市形态和空间格局(俞孔坚等,2005)。生态空间是城市生存与发展所依赖的自然生态系统,是城市及其居民能够持续地获得生态服务的自然基础。为城市提供生态系统服务的主体不仅仅包括传统的城市内部绿地系统,还包括一切能够为城市提供生态系统服务的系统,如大尺度山水格局、自然保护地和诸多的人工生态系统，如人造林地和农田等。特别是一些能够提供关键性生态系统服务功能的重要生态功能区，如水源涵养区、生态缓冲带、基本农田、生态脆弱区、生态敏感区等，它们影响着人类的生存，关系到人类的安全，需要划定生态红线，作为预留空间，在规划中严格保护。

专栏 2-9　苏州把水稻田纳入城市生态安全红线

　　苏州市 2012 年 2 月开始实施的《苏州市湿地保护条例》将全市 104 万亩永久性水稻田纳入保护范围，与自然湿地一起加以严格保护和规范管理，防止面积减少和水土污染。

　　位于长江三角洲地区的苏州历来有"鱼米之乡"的美称，然而，由于快速的工业化、城镇化进程，维持当地生态系统至关重要的水稻田正在被不断地蚕食。有数据表明，苏州市水稻种植面积在近 20 年的时间里减少了约 3/4，当地的生态系统因此也受到巨大影响。

　　该条例规定，湿地保护规划在编制时必须与土地利用总体规划等横向规划相衔接，市、县两级政府要确定永久性水稻种植面积和区域，采取措施保护好水稻田等人工湿地，严格控制开发和建设项目占用湿地。同时还要求各级政府加大财政转移支付力度，建立湿地生态补偿机制，用于因保护湿地而影响经济社会发展地区的补偿（宗文雯，2011）。

　　三是要处理好城市单功能隔离型布局与多功能混合型布局的关系。随着现代产业发展的多样性，以及工业污染治理技术水平的提高，城市空间布局需要灵活运用功能分区原则。根据城市产业的特点，适当选择不同的功能区空间格局形式。对于进入后工业化阶段的城市，以及非工业城市，应采用多功能、混合型的社区空间模式，将城市的居住、零售业、社会服务设施等混合布局，并安排在步行、非机动车可达范围内。这样不仅可以带来较高的资源环境效率，也能为城市居民生活、工作、娱乐创造更加舒适、安全的宜居环境。对于必须要进行单一功能区布局的工矿城市，特别要避免工业区、居住区由于距离过长导致对交通工具过度依赖，从而引起的交通拥堵、资源浪费、环境污染等问题。

二、国外相关空间规划经验

（一）欧洲空间发展展望（ESDP）

　　作为促进欧洲一体化发展的空间发展纲领，欧盟委员会和各成员国于 1999 年通过了《欧洲空间发展展望》（European Spatial Development Perspective，ESDP），这个纲领对欧盟实现地区平衡和可持续发展具有重要影响。其中有关从城乡合作、合理管理自然和文化遗产的角度，进行环境规划、区域治理的思路和做法，对我国开展城市生态环境空间布局优化具有借鉴意义。

　　ESDP 提倡加强城乡合作，构建平衡的多中心城市体系。这样既可以保持城市和城市化地区的活力、吸引力和竞争力，提高欠发达地区的经济实力，又可避免单中心城市因人口过于聚集而带来的问题，同时还可形成多样化的社会经济形态。在生态环境脆弱、敏感的乡村地区，强调自然和文化遗产的保护性开发，因地制宜地确定各地的发展战略，鼓励教育培训，使用可更新能源，促进地区间合作交流，发展生态农业及生态旅游。针对城乡合作，还提倡要改善交通和通信条件，尤其是发达城市间的网络系统，对于促进地区平衡发展具有重要的作用。

ESDP 提出以综合发展的战略和规划理念保护和利用自然资源，特别是水资源的综合管理。同时在生物多样性、减少碳排放、灾害风险管理等方面也鼓励综合管理和区域多部门协作。

对于文化遗产，ESDP 提出对具有特定历史、美学和生态重要地位的文化景观或遗产进行保护、修复的同时，要将其纳入更大的空间背景中，以提升它的战略价值，从而能够更长久地延续其价值。

专栏 2-10 有机疏散理论

芬兰学者伊利尔·沙里宁在 20 世纪初期针对大城市过分膨胀所带来的各种弊病，提出了在城市规划中疏导大城市的理念。他将城市居民的"日常活动"区域集中布置在城市中心区，强调以步行为主，将交通量减到最低程度，并且尽量少使用机械化的交通工具；将不经常的"偶然活动"分散布置在"日常活动"区范围外的绿地中，并设有通畅的交通干道，便于快速往来。这一城市结构既符合人类聚居的天性，体现城市聚集性带来的经济价值，又维护了人类不脱离自然的追求，体现了城市宜居性和社会效益。

有机疏散理论在第二次世界大战后被很多欧美城市所采用，以达到减少市区压力、快速重建的目标。例如，著名的有大伦敦规划、大巴黎规划等，影响力一直到 20 世纪后半期的日本、中国等亚洲及发展中国家的城市规划与发展，如日本东京都市圈、大阪府周边的一系列新城开发，多摩新城、千里新城等，上海的"一城九镇"、北京的"十一个新城"的发展规划。如果从绿色城市的发展理念看，有机疏散从现状问题的解决出发，简单将市区的问题推向郊区，没有从根本上解决城市的可持续发展问题，也没有从城乡协调的角度，提出系统性的、平等性的解决方案，因此具有一定的时代局限性。

（二）英国的环境规划

1993 年，英国城乡规划协会下属的可持续发展研究小组发表了《可持续的环境规划对策》研究报告，报告将可持续发展的概念和原则引入城市规划的行动框架中，将自然资源、能源、污染和废弃物等环境管理纳入各个层面的空间发展规划中，并以空间发展规划的形式表达出来。《可持续的环境规划对策》从规划的战略理念到评价方法等各个环节做的有益探索，为许多国家的相关规划提供了经验借鉴。

环境规划的预警性。由于目前的科学知识还不能够对所有环境后果做出明确的判断，而自然生态系统的承载极限一旦遭到破坏，其后果是不可逆转的。因此，为了防止人类无知行为导致的不可逆的环境结果，规划要发挥预警作用。

环境规划的综合性。环境污染具有跨介质的特性，污染物相互渗透、影响，因此要进行横向整合的环境规划。

环境规划以人居环境为重点。舒适的人居环境，既是城市的基本功能，也是城市发展的重要推动力量。报告以城市区域作为环境规划的基本空间单元，以土地使用、交通、自然资源、能源以及污染和废弃物等影响人居环境的重要指标为框架进行规划。

（三）荷兰的绿色规划

荷兰是世界上最早制定和实施绿色政策的国家之一，也是首先将空间规划与环境规划融合的国家之一。荷兰的规划融合既考虑不同规划内容与目标的协调、融合，也考虑不同利益群体（政府、市场、市民社会）的妥协与平衡。这些利益主体掌握了重要的资源（土地、资金、房产、当地人脉等），只有对稀缺环境资源保护达成了基本共识，并将他们的意见合理地纳入整体规划中，才能够顺利完成规划的编制、推进规划的实施，才能取得良好的成效。

荷兰规划融合的经验表明，绿色规划需要平衡经济、社会、环境三方面关系，平衡各方的利益，而不是仅仅强调严苛的环境保护门槛、严格的惩罚措施。在国土面积狭小、生态环境类型相对单一、单项要素（水）的敏感性较高等环境苛刻条件下，荷兰仍能够跻身发展大国，而且在生态产业、创新研发、现代服务等高端产业中居于领先地位，其规划的成功经验值得借鉴。

专栏 2-11　荷兰兰斯塔德地区的空间规划与开发经验

兰斯塔德（Randstad）地区位于荷兰西部，是荷兰最重要的经济中心和人口最密集地区。区内分布着荷兰最大的四个城市阿姆斯特丹、鹿特丹、海牙和乌得勒支，以及一些中小城市，它们围绕一个面积约 400 km² 的农业地区，形成了"绿心型"的城市群空间分布格局。四个主要城市各具特色，大小城市之间有开敞的乡村空间，城市之间不是层级关系，没有设立统一的行政机构，也没有明显的首位城市。兰斯塔德的多中心城市空间结构布局是在国家空间规划引导下逐步形成，从荷兰的第四次国家空间规划（1988 年）、第五次国家空间规划（2000 年），到目前的"2040 兰斯塔德战略议程"都对城市间如何联系、各个城市的功能定位、空间布局进行了积极引导和有效控制。"2040 兰斯塔德战略议程"中把空间质量作为可持续发展和获取竞争力的关键，绿带、蓝带、空间的联系以及区域整体网络得到高度重视，因此城市空间规划严格划定受保护的城市绿心、农田范围和城市扩张界限。城市区域围绕农村展开，由此可以最大化地利用土地资源，发挥农业的经济、社会与环境多重效益，因此妥善处理好了荷兰农业用地紧缺与城市发展的平衡问题。

> 兰斯塔德的城市空间开发经验表明：第一，多中心的空间结构可以组合不同类型城市的发展优势、引导城市互补发展、提升区域整体竞争力、减轻和避免单中心城市由于规模过大而带来的环境及交通问题；第二，通过建立不可侵占的"绿心"、"绿楔"和缓冲带，建立中小城市群，不仅可以控制城市规模过度膨胀，还可以减少污染、降低碳排放，并且可以充分利用绿地以及都市农业的多重功能，优化城市生态安全格局，提升城市的可持续发展水平（李国平，2012）。

三、中国的城市环境总体规划

城市是人类文明的产物，环境是自然界的存在状态，规划是进行状态调整、过程控制和政策安排的工具。城市环境总体规划就是对城市环境中整体性、长期性、基本性问题进行分析、研究和设计而形成的工作部署和实施方案，并伴随着城市经济社会发展和环境保护的进程不断完善的一项工作。编制实施城市环境总体规划，是推进城市生态文明建设的关键性基础工作。

2011 年底发布的《国家环境保护"十二五"规划》中明确提出，"对环境保护重点城市的城市总体规划进行环境影响评估，探索编制城市环境保护总体规划"。2012 年 9 月环境保护部印发了《关于开展城市环境总体规划编制试点工作的通知》（环办函[2012]1088号），明确了城市环境总体规划的框架内容、工作进度等方面的具体要求。并确定大连、鞍山、伊春、南京、泰州、嘉兴、福州、宜昌、广州、北海、成都、乌鲁木齐等 12 个城市作为第一批的试点城市。截至目前全国已有三批共 30 个试点城市参与城市环境总体规划编制，这些城市在环境总体规划编制方面所做的探索，为全面推进城市环境总规编制工作积累了大量的经验。

（一）编制城市环境总体规划的重要意义

城市环境总体规划是城市人民政府以当地资源环境承载力为基础，以自然规律为准则，以可持续发展为目标，统筹优化城市空间布局，为实现经济繁荣、生态良好、人民幸福所做出的战略部署。城市环境总体规划是城市发展和管理的基本依据，是一项基础性、先导性、前瞻性、战略性的工作（周健，2013）。

1. 开展城市环境总体规划编制，有助于实现城市建设与资源环境综合决策

城市环境总体规划立足城市可持续发展，将环境保护工作融入城市经济社会发展战略全局中统筹谋划，注重解决城镇化、工业化和农业现代化协同推进中的生态环境保护问题。强调"多规融合"，在控制引导城市发展、空间合理布局和控制产业人口适宜集聚等方面，有利于发挥环境总体规划的前置约束性和基础导向性作用；有利于把环境管理要求真正纳入城市综合发展决策中，促进环境保护工作与经济、社会发展相协调、相适应、相统一。

2. 开展城市环境总体规划有利于推进环境管理战略转型

城市环境总体规划突出"预防重于应对、规划引领管理"的思路，从保障区域环境安全、维护生态系统健康角度，突破原有规划功能定位的限制，立足于发展战略性、区域协调性和空间开发统筹性，注重生态环境保护与建设的顶层设计，力图改变城市环境管理处于事后、末端、补救的局面。注重污染防治与生态环境的全方位保护，强调城市生态空间格局和生态系统功能恢复对改善环境质量的重要作用。城市环境总体规划强调底线思维，以资源环境承载力为基础，科学合理地确定城市发展的资源消耗上限、生态环境容量底线、环境功能分区及生态红线和环境风险红线，主动调控优化城市发展规模和定位，从经济发展源头、过程、末端和空间布局等方面，全过程、立体化防控城镇化进程中的生态环境问题。强调城市环境综合管理体系的构建，要求总规编制要从重要素规划向综合治理规划转变，从政府环境管理规划向社会协同共治规划转变。

3. 开展城市环境总体规划填补了环境保护中、长期规划缺失的空白，有助于保障城市环境保护的连续性和长期性

与以往普通环境保护规划不同，城市环境总体规划突破了原有环保五年规划的局限性，根据城市生态环境问题的长期性、累积性特点，以未来 10~20 年为规划时限，在相对较长的规划期内明确环境与生态保护的总体要求及重点任务。

（二）城市环境总体规划与一般环境保护规划的区别

1. 规划定位不同

城市环境总体规划定位于基础性、战略性的空间规划，强调"总规落地、控规管制"，目的是统筹城市经济社会发展目标，合理开发利用土地资源，优化城市规模、发展方式和空间布局，确保城市的可持续发展。城市环境总体规划对五年环境保护规划及各类相关专项规划、环保模范城市创建规划、生态文明建设示范规划等相关规划，具有统领、指导作用。

2. 规划法律依据不同

城市环境总体规划除了遵循环境保护相关法律法规外，还需要遵循城乡规划法和土地管理法等相关法律法规。

3. 规划时限不同

城市环境总体规划强调规划的长期引导作用，规划时限由 5 年扩展至 10~20 年。

4. 规划重点内容不同

城市环境总体规划强调资源环境承载力对城市发展规模的前置约束性和基础引导性，重视资源环境承载力监测预警机制和环境容量分区管控方案编制；其次是强调污染防治与生态安全格局构建并重，重视城市生态系统功能保护与恢复，发挥其对环境质量改善的作用；第三是强调城市环境空间分区用途管控，重视生态保护红线、环境质量底线、资源消耗上线等方面的政策产出，建立优化城市空间格局的长效机制；第四是强调建立城乡统筹的环境基本公共服务体系。

5．规划成果质量要求不同

城市环境总体规划强调环境规划任务和项目安排的空间落地，要求编制控制性详规。强调"多规融合"，规划控制管理单元和相关数据统计口径要与土地利用总体规划、城市总体规划相匹配，实现规划成果相协调。图件要求为矢量和栅格两种地图。

（三）城市环境总体规划的基本内容和要求①

1．城市环境总体规划的核心问题

城市环境总体规划的核心问题是处理好规模、结构和布局问题。规模涉及城镇人口、经济、用地规模；结构涉及人口结构、经济结构、能源结构与用地结构；布局涉及产业布局、人口布局及生态保护布局等。城市环境总体规划是指导、调控城市经济社会发展与环境保护的总体安排。经法定程序批准的城市环境总体规划是编制城市近期环境保护规划、详细规划、专项规划和实施城市环境管理的法定依据，是引导和调控城市经济社会发展、保护和管理城市资源环境的重要依据和手段，也是环境保护参与城市综合战略部署的工作平台。其立足点和着力点是限制、优化、调整，是从环境资源、生态约束条件的角度，对城市经济社会发展规划、城市总体规划、土地利用总体规划提出的限制要求，是资源环境承载力约束下的城市发展规模与结构优化，是基于生态适宜性分区的城市布局优化调整，并通过划定并严守生态红线以限制城市的无序开发。

2．城市环境总体规划的基本要求

城市环境总体规划的基本要求是科学把握城镇化发展规律和走势，借鉴国内外城市规划的先进经验，实现由扩张型规划向集约型规划、功能型规划、效益型规划、人文生态型规划转变，给予城市人文关怀，树立美丽与发展"双赢"的理念，从源头和顶层进行谋划与设计，真正做到未病先防、已病防变、已变防渐，着力提高规划的科学化水平。

要深入开展对当前城市环境的系统解析和未来中长期环境形势的预判。对城市经济社会发展中出现的环境问题要望闻问切，通过号脉辨病找到关键症候，并研究提出解决方案；通过科学合理地配置环境资源，将有限的环境容量配置到最需要发展、最能带动全局发展、最能促进快速发展的区域和行业，推动形成经济、生态、社会效益高的绿色产业格局。

要将城市环境总体规划与城市经济社会发展的各项规划相结合，将资源环境目标与经济社会发展目标有机统一，使经济建设、社会发展与资源环境禀赋相适应，使区域发展规划与地区资源环境承载能力相适应，以最小的资源消耗和环境代价换取最大的经济社会效益。规划中还要善用留白技法，为生态修复留出更多空间。

3．城市环境总体规划的主要特征

落地性。环境规划要成为促进精细化、规范化管理的有效载体，最重要的就是要突出政策与措施的落地，特别是划定并严守生态红线，改变以前环境规划飘在空中、无从下手的状况，要把每项要求落实到每个地块、每个区域、每一个重点源。

---

① 城市环境总体规划的核心问题、基本要求、特征等内容均引自 2013 年 10 月 15 日《中国环境报》中《准确把握城市环境总体规划内涵》一文。

融合性。城市规划体系中的所有规划都不具有排他性和竞争性,而是具有和谐性和共融性,是在相互衔接的基础上的相辅相成、相互配合。在城市规划体系中,城市环境总体规划要统筹协调、彰显特色、突出抓手、合力推进,要用市场手段激发企业、民众以及社会组织参与环保工作的活力;要用行政、技术、法律等手段为城市环境管理工作提供动力;用基于社会的管理机制体制改革,把环境保护融入城市经济社会管理大局之中。

刚性与弹性的结合。突出处理好刚性约束与弹性把控的关系,特别是妥善处理和安排好容量、总量、质量、风险之间的关系,做好生态红线、资源消耗上限和生态环境容量底线的研究与量化,用好存量,找出增量,为未来寻找更多的发展空间,为未来的城市发展提供更多的生态产品。

4. 城市环境总体规划的重点内容

(1)资源环境约束分析与发展调控

对城市水、土地、能源等要素的承载力以及水、大气等要素的环境容量进行测算和评估,分析规划期内城市适宜的人口、经济发展的资源需求,识别城市发展的资源环境约束条件,提出资源消耗和污染物排放总量控制,调控城镇人口、经济发展规模和速度的建议,以及城市环境容量管理的对策与措施。

(2)构建城市生态安全格局

城市环境总体规划以维护城市生态系统结构、过程健康和完整,以恢复城市生态系统基本服务功能为目标,构建具有地域特色的城镇生态安全格局。合理划定生态空间,在重要生态功能区、陆地和海洋生态环境敏感区、脆弱区等区域划定生态红线,制定坚守红线的配套政策。在控制性规划层面,合理规划城区范围内的绿化空间、通风廊道,增强城市大气污染扩散能力,减缓城区的热岛效应。恢复城市水系的流动性和河岸湿地系统,保证最小生态径流和水系自净能力。

(3)城市环境空间分区用途管控

根据环境要素的组合特征,划定环境功能区。根据不同环境功能区的生态敏感性、环境风险敏感性以及水、大气等环境容量的区域差异,制定环境综合管理的分区方案,提出分区域的产业准入政策、产业与人口发展的规模,并提出调控的政策措施;从污染物扩散的自然规律出发,研究划定城市间最小生态安全距离,在控制性详规层面,结合具体规划区块,建立城镇间、生产与生活空间之间的生态缓冲带,安排环境应急疏散通道和紧急避险空间,预防和降低布局性环境风险。

(4)规划城乡统筹的环境基本公共服务体系

将城乡环境基本公共服务均等化、提升城市环境基本公共服务水平作为主要的规划目标和内容,注重健康人居环境水平提升。统筹规划城乡饮用水水源保护和绿地系统,建立农业废弃物安全处置和综合利用体系、农产品产地环境安全保障体系、建制镇和农村环境监管和公共服务体系。

参考文献

Rodney R. White. 沈清基，吴斐琼译. 生态城市的规划与建设[M]. 上海：同济大学出版社，2009：30.

戴亦欣. 中国低碳城市发展的必要性和治理模式分析[J]，中国人口·资源与环境，2009，19（3）.

董伟. 准确把握城市环境总体规划内涵[N]. 中国环境报，2013-10-15.

海道清信. 苏利英译. 紧凑型城市的规划与设计[M]. 北京：中国建筑出版社，2011：56，4.

胡宏，彼得·德里森，特吉奥·斯皮德. 荷兰的绿色规划：空间规划与环境规划的整合[J]. 国际城市规划，2013，（3）.

雷吉斯特. 生态城市：重建与自然平衡的城市[M]. 北京：社会科学文献出版社，2010：11.

李国平. 兰斯塔德地区：网络型城市的典型代表[J]. 中国社会科学报，2012：289.

李艳，陈雯. 欧洲空间展望的简介与借鉴[J]. 国外城市规划，2004（3）.

马奕鸣. 紧凑城市理论的产生与发展[EB/OL]. http://www. docin. com/p-562542874. html.

潘家华. 缩减生态足迹，维护生态承载力[N]. 中国社会科学报，2013-09-04.

曲格平. 关注中国生态安全[M]. 北京：中国环境科学出版社，2004：106-107.

全球节能环保网. 英国低碳城市规划和行动方案[EB/OL]. [2013-06-18]http://design. yuanlin. com/Html/Article/2013-6/Yuanlin_Design_11594. html.

唐子来. 从城乡规划到环境规划：可持续发展的规划思考[J]. 城市规划汇刊，2000（3）.

谢鹏飞. 生态城市从理念到现实：来自田园城市运动的启示[J]. 现代城市研究，2011（6）：25-28.

新玉言. 国外城镇化比较研究与经验启示[M]. 北京：国家行政学院出版社，2013：218-219.

杨沛儒. 生态城市主义[M]. 北京：中国建筑工业出版社，2010：10.

俞孔坚，李迪华，刘海龙. "反规划"途径[M]. 北京：中国建筑工业出版社，2005：18.

周建. 在城市环境总体规划试点座谈会上的讲话[EB/OL]. [2013-04-26]http://www. caep. org. cn/ReadNews. asp？NewsID=3676.

宗文雯. 百万亩水稻田纳入湿地保护[N]. 苏州日报，2011-10-28.

邹德慈，李建平，孙冬虎，等. 城市规划：贯通历史、现实和未来的智慧[N]. 北京日报，2014-05-12.

第三章 城市空气质量管理[①]

当前，我国城市大气污染形势严峻，以可吸入颗粒物（PM$_{10}$）、细颗粒物（PM$_{2.5}$）为特征污染物的区域性大气环境问题日益突出，严重损害了人民群众身体健康，影响到社会的和谐稳定。随着我国工业化、城镇化的深入推进，能源资源消耗持续增加，城市大气污染防治压力将继续加大。因此，改善城市空气质量的任务重、时间紧、难度大，需要充分借鉴国内外的先进经验，特别是英国伦敦摘掉"雾都"帽子、美国洛杉矶治理光化学烟雾的城市空气质量管理经验。近年来，我国针对大气污染实施了多项控制措施，有力地推动了大气污染防治工作。特别是，在大气污染治理的应急措施方面，APEC 会议期间实行严格环保措施而带来的"APEC 蓝"，让人们意识到雾霾是可控、可治的。2013 年，我国推进大气污染防治工作的纲领性文件《大气污染防治行动计划》正式发布，为我国的城市空气质量管理指明了下一步的工作方向。我国将以推动产业结构优化、能源结构调整为抓手，优化功能分区与布局规划，强化政府的主体责任，创新考核机制，统筹区域协作，进一步推进城市空气质量管理。

第一节 城市空气质量管理的问题与现状

一、大气主要污染物及危害

随着城镇化、工业化、区域经济一体化进程的加快，我国大气污染正从单一类型的空气污染类型（如煤烟型污染、汽车尾气型污染、石油型污染等）向新型复合大气污染转变。部分地区出现了区域范围的连续性空气重污染现象，特别是在京津冀、长三角、珠三角以及其他部分城市群地区，大气污染已表现出明显的复合污染特征，严重损害到公众的身体健康，影响到区域的可持续发展。从污染物治理现状看，传统的二氧化硫（SO$_2$）、悬浮物（TSP）、可吸入颗粒物（PM$_{10}$）等问题还没有解决，细颗粒物（PM$_{2.5}$）、挥发性有机物（VOCs）等排放又显著上升。目前，常规污染物进入稳定治理阶段，非常规大气污染物排放正处于上升阶段，治理技术与对策还相对薄弱，大气污染治理面临着严峻挑战。

[①] 本章作者：马丽，武翡翡。

由于几种传统的大气污染物（如 SO_2、NO_x、臭氧等）的危害已为广为人知，本部分重点介绍几种主要大气污染物。

表 3-1　大气主要污染物、来源及危害一览表

污染物	人为来源	健康危害
二氧化硫	含硫金属矿的冶炼、含硫煤和石油的燃烧所排放的废气	导致酸雨，对呼吸道有严重影响，可诱发肺部炎症、哮喘、肺气肿等
颗粒物（悬浮物 TSP、可吸入颗粒物 PM_{10} 和 $PM_{2.5}$ 等）	以煤或油为燃料的火力发电厂、工业锅炉、垃圾焚烧炉、生活取暖、建筑施工、露天采矿等	导致呼吸系统发病率增高。颗粒物表面还能浓缩和富集某些有害化学物质（如多环芳烃类化合物等），随呼吸进入人体，成为肺癌的致病因子
氮氧化物	以煤、石油和天然气为燃料的火力发电厂、机动车尾气、采暖锅炉	刺激肺部，导致呼吸系统疾病，影响儿童肺部发育
挥发性有机物（VOCs）	石油燃料的不完全燃烧和石油、油漆及润滑剂蒸发	引发癌症、心血管疾病和肝脏及肾功能障碍，引起先天畸形和不孕不育
臭氧	挥发性有机化合物和氮氧化物形成的二次污染物	对眼睛、呼吸道等有侵蚀和损害作用
一氧化碳	汽车排放、燃料燃烧	危害血液、神经系统
有毒金属（铅、镉等）	金属加工、垃圾焚烧炉、燃烧石油和煤、（含铅汽油）汽车尾气、电池厂、水泥厂和化肥厂	铅会危害神经系统、骨骼造血功能、消化系统、男性生殖系统等；镉会导致组织代谢发生障碍，损伤局部组织细胞，引起炎症和水肿
有毒微量有机污染物（多环芳烃）	煤和石油不完全燃烧、垃圾焚烧炉、焦炭生产	致癌作用；环境激素（也叫环境荷尔蒙）的作用

资料来源：德利克·埃尔森. 烟雾警报——城市空气质量管理. 北京：科学出版社，1999.

（一）细颗粒物（$PM_{2.5}$）

大气颗粒物是悬浮在大气中的固体和液体颗粒，粒径范围从几纳米到 $100 \mu m$。在衡量颗粒物的标准中，根据颗粒物粒径大小可分为悬浮物（TSP）、可吸入颗粒物（PM_{10}）和细颗粒物（$PM_{2.5}$）。TSP 包括 PM_{10} 和 $PM_{2.5}$，PM_{10} 包括 $PM_{2.5}$。

$PM_{2.5}$ 指粒径小于或等于 $2.5 \mu m$ 的颗粒物。由于粒径更小，可以进入人的细支气管和肺泡，所以被称为细颗粒物。$PM_{2.5}$ 由于颗粒小，表面积大，因而可以附着大量的有毒、有害物质，研究表明，Ni、Pb 等有毒金属在 $PM_{2.5}$ 上的富集也大大高于粗颗粒。由于重量轻，可以在大气中的停留时间更长、输送距离更远。人类活动是城市细颗粒物的主要来源，$PM_{2.5}$ 人为源与自然源的贡献比率为 10∶1～15∶1，而 TSP 为 1∶1。

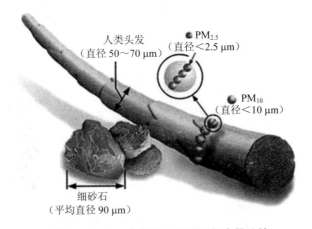

图 3-1 PM$_{2.5}$ 与头发、细砂石的直径比较

资料来源：PM$_{2.5}$ 污染防治知识问答. 北京：中国环境科学出版社，2013.

研究表明，中国城市 PM$_{2.5}$ 的污染水平是美国标准（65 μg/m^3）的 1～5 倍，占 PM$_{10}$ 总质量的 50%～85%。《全球疾病负担 2010 报告》表明，PM$_{2.5}$ 已成为影响中国公众健康的第四大危险因素。报告显示，在全球范围内，细颗粒物形式的室外空气污染所导致的公共健康风险比人们以往认为的要严重得多，每年在全球导致 320 多万人过早死亡及超过 7 600 万健康生命年（1 个人减少 1 年寿命为 1 健康生命年）的损失。2010 年在我国，室外空气污染导致 120 万人过早死亡及超过 2 500 万健康生命年的损失。

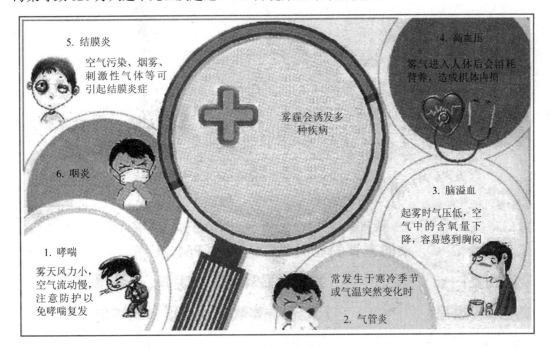

图 3-2 PM$_{2.5}$ 对公众健康的危害

资料来源：PM$_{2.5}$ 污染防治知识问答. 中国环境出版社，2013。

PM$_{2.5}$ 的来源解析是监管部门实施污染治理的"风向标"。PM$_{2.5}$ 主要来自发电、工业生产和汽车尾气，主要是燃烧过程中的残留物，大多含有重金属等有毒物质。2014 年，北京发布了《北京市大气环境 PM$_{2.5}$ 污染现状及成因研究》，初步厘清了北京 PM$_{2.5}$ 及其组分的浓度水平、变化规律、分布特征。该研究结果有两组核心数据：一是北京全年 PM$_{2.5}$ 来源中，区域传输占 28%～36%，本地污染排放占 64%～72%；二是在本地污染排放中，机动车、燃煤、工业、扬尘、餐饮等其他排放，分担率分别是 31.1%、22.4%、18.1%、14.3% 和 14.1%。

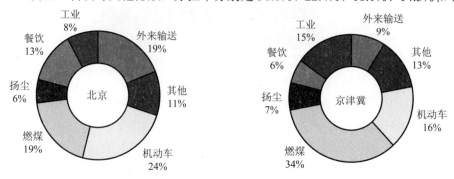

图 3-3   2012 年北京和京津冀地区 PM$_{2.5}$ 来源比例

资料来源：PM$_{2.5}$ 污染防治知识问答. 北京：中国环境出版社，2013.

城市空气中 PM$_{2.5}$ 的浓度随位置、季节等改变。例如，北京 PM$_{2.5}$ 浓度呈现"南高北低"、"秋冬高、春夏低"等特征。大气中 PM$_{2.5}$ 的浓度冬季最高，春季开始下降，晚春至早秋趋于最低。北京秋季燃煤和燃油对 PM$_{2.5}$ 的贡献为 28% 和 54%，而冬季为 38% 和 43%。此外，重污染基本发生在区域性污染的背景下，同期周边主要城市同步发生重污染的频率高达 80%。遥感监测表明，重污染期间，京津冀及周边地区 20 万 km^2 以上的面积整体处于高浓度污染区（人民网，2015）。因此，京津冀及周边地区协同治污是改善空气质量的重要保障。

专栏 3-1   中国城市遭遇 PM$_{2.5}$ 污染

2013 年中国遭遇到了严重的雾霾天气，尤其是京津冀地区，每月平均达标天数基本只有 10 天左右，而出现重度污染以上的天数经常在 10 天以上，剩下的则为中轻度污染的天气。13 个监控城市中除了张家口、承德、秦皇岛外，其他城市每月的空气综合质量经常位列全国空气质量最差的 10 个城市中，尤其是石家庄，2013 年的污染天数多达 322 天，其中重污染天数为 153 天，良好天数仅有 43 天。可以说，京津冀地区糟糕的空气状况集中反映了中国目前空气污染的严重态势。不断出现的 PM$_{2.5}$ 指数爆表，导致中小学停课、高速公路封闭、航班停飞的状况，不仅影响了人们日常的工作生活，更是对人们健康的极大威胁。

中国工程院院士钟南山表示，雾霾浓度增加，会令人均预期寿命减少，灰霾浓度每立方米增加 100 μg，预期寿命缩短 3 年。中国前卫生部部长陈竺在医学杂志《柳叶刀》上撰文称，中国的空气污染每年导致多达 50 万人过早死亡。

（二）挥发性有机化合物（VOCs）

VOCs 是挥发性有机化合物（Volatile Organic Compounds）的英文缩写。VOCs 作为二次污染物的前体物，是引起光化学烟雾和城市雾霾天气的重要污染因子。同时，对全球温室效应和臭氧层破坏也具有不可忽略的影响。它不仅危害孕妇身体，还会影响新生儿的智力发育。同时，VOCs 也是造成儿童神经系统、血液系统、儿童后天疾患的重要原因。

VOCs 主要产生于石化、有机化工、合成材料、化学药品原料制造、塑料产品制造、装备制造涂装、包装印刷等行业。据测算，每年全国工业 VOCs 排放总量大于 2 200 万 t（环境保护部科技标准司，2013）。由于其来源广泛，涉及的物质种类、排放行业众多，且以无组织排放为主，长期以来一直未将其纳入常规污染物管理。

目前，VOCs 的减排与控制已经成为大气污染防治的重点工作。2010 年 5 月，国务院办公厅转发了环境保护部等部委《关于推进污染联防联控工作改善区域空气质量指导意见》（国办发[2010]33 号），首次将 VOCs 和颗粒物、SO_2 和 NO_x 一起列为重点控制的大气污染防治污染物。2013 年，国务院发布了《大气污染防治行动计划》，明确提出"推进挥发性有机物治理"，要求"在石化、有机化工、表面涂装、包装印刷等行业实施挥发性有机物综合整治"。2015 年全国环境保护工作会议上，周生贤明确表示，"实施重点行业 VOCs 治理"。《国家环境保护"十三五"规划基本思路》也指出，将对 VOCs 实施重点区域与重点行业相结合的总量控制。

环境保护部正在抓紧制定 VOCs 排放标准，涉及石油炼制与石油化学、医药制造等 10 余个行业。天津市已于 2014 年 8 月率先发布中国首个地方 VOCs 综合排放标准（大智慧，2015）。针对 VOCs 产生量最大的石化行业，环境保护部已于 2014 年发布了《石化行业挥发性有机物综合整治方案》，要求"到 2017 年，全国石化行业基本完成 VOCs 综合整治工作，建成 VOCs 监测监控体系，VOCs 排放总量较 2014 年削减 30%以上"。此外，将研究制定 VOCs 排污收费办法，率先在石化行业征收 VOCs 排污费。

（三）持久性有机污染物（POPs）

持久性有机污染物（Persistent Organic Pollutants，POPs）是指具有长期残留性、生物累积性、半挥发性和高毒性，并通过各种环境介质（大气、水、生物等）能够长距离迁移，并对人类健康和环境具有严重危害的天然或人工合成的有机污染。大气中 POPs 来源广泛，包括工业污染和机动车尾气的排放、设备拆解排放和泄漏、垃圾焚烧等（宋晓旭等，2012）。

在 POPs 长距离迁移和全球再分配过程中，大气起了主要作用（梁越等，2009）。目前远离农业活动区的南、北两极地区以及世界最高峰珠穆朗玛峰也均已经发现滴滴涕或六六六的残留。POPs 由于在环境中残留时间长，并通过生物累积和生物链放大，给人体和环境带来很大危害，已经成为 21 世纪继臭氧层破坏和温室效应后，又一被广泛关注的全球性环境问题。

2001 年，包括中国在内的 127 个国家和地区签署了《关于持久性有机污染物的斯德哥尔摩公约》，以期全球合力来共同控制 POPs 污染。该会议期间提出了首先禁用或控制的 12 种持久性有机污染物，9 种有机氯农药、多氯联苯、二噁英和呋喃。2013 年 8 月 30 日，十二届全国人大常委会第四次会议审议批准《〈关于持久性有机污染物的斯德哥尔摩公约〉新增列 9 种持久性有机污染物修正案》和《〈关于持久性有机污染物的斯德哥尔摩公约〉新增列硫丹修正案》，新增 10 类受控物质。

（四）大气汞污染

汞是环境中毒性最强的重金属元素之一。汞可能引起 DNA 损伤及其修复障碍，导致基因或生殖细胞突变，有致癌性；还具神经毒性，极易损伤脑部和肾脏。由于汞在环境中具有持久性、易迁移性和高度生物蓄积性，汞污染已经成为目前最受关注的全球性环境问题之一。我国大气汞排放占全球人为汞排放的 30%～40%，居世界首位，主要排放源为燃煤电厂、工业锅炉、有色金属冶炼、水泥生产、废物焚烧等，这些行业均被列为汞公约的重点管控源（宋玉丽，2015）。

我国政府高度重视汞污染防治工作。2009 年，国务院下发的《国务院办公厅转发环境保护部等部门关于加强重金属污染防治工作指导意见的通知》中，将汞污染防治列为工作重点。2010 年发布的《国务院办公厅转发环境保护部等部门关于推进大气污染联防联控工作改善区域空气质量指导意见的通知》中，进一步提出建设火电机组烟气脱硫、脱硝、除尘和除汞等多污染物协同控制示范工程。在《重金属污染综合防治"十二五"规划》中，汞也被列为重点管控的 5 种重金属之一，要求重点区域 2015 年的汞排放比 2007 年削减 15%。2014 年 7 月，火电厂开始执行新版大气污染物排放标准，首次将汞及其化合物纳入排放标准（王书肖，2013）。

二、我国城市空气质量现状

《中国环境质量报告》统计数据显示，城市空气质量形势依然严峻。如表 3-2 所示，2009—2013 年，SO_2 污染有较大改善，轻度污染累计天数和累计出现城市数均明显下降；NO_2 污染不严重，但有所波动，2011 年污染累计天数和累计出现城市数明显高于 2009 年和 2013 年；PM_{10} 则超标严重，2013 年和 2011 年中度污染和重度污染累计天数比例均高于 5∶1。

2013 年，京津冀、长三角、珠三角等重点区域及直辖市、省会城市和计划单列市共 74 个城市按照新标准开展监测，依据《环境空气质量标准》（GB 3095—2012）对 6 种主要污染物（SO_2、NO_2、PM_{10}、$PM_{2.5}$、CO、O_3）进行评价。根据《2013 年中国环境状况公报》，74 个新标准监测实施第一阶段环境空气质量达标城市比例仅为 4.1%，平均超标天数比例为 39.5%。其他 256 个城市执行空气质量旧标准，达标城市比例为 69.5%；酸雨区面积约占国土面积的 10.6%。

表 3-2　中国地级以上城市首要污染物及污染频度一览表

污染等级	首要污染物	累计污染天数/d			累计出现城市数/个		
		2009 年	2011 年	2013 年	2009 年	2011 年	2013 年
轻度污染	SO_2	484	381	387	89	82	71
	NO_2	15	36	16	11	15	11
	PM_{10}	6 150	6 185	15 491	395	420	513
中度污染	SO_2	0	0	0	0	0	0
	NO_2	2	1	1	2	1	1
	PM_{10}	124	151	789	64	85	231
重污染	SO_2	0	0	0	0	0	0
	NO_2	0	0	0	0	0	0
	PM_{10}	150	190	981	45	64	116
地级城市数量					314	325	330

数据来源：中国环境质量报告（MEP）。

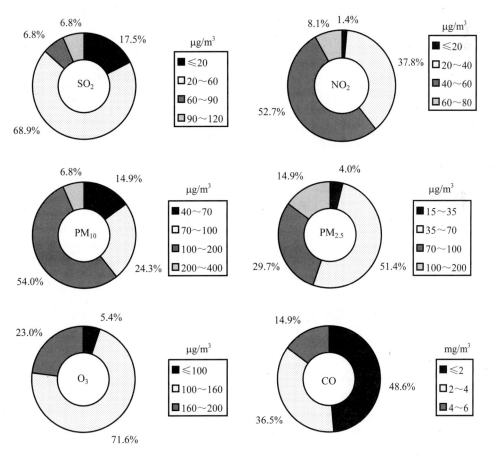

图 3-4　2013 年新标准第一阶段监测实施城市各标准不同浓度区间城市比例

资料来源：2013 年中国环境状况公报。

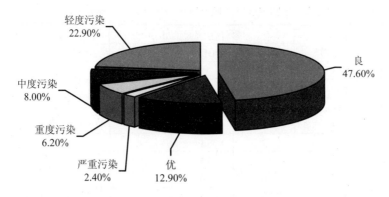

图 3-5 2013 年新标准第一阶段监测实施城市不同空气质量级别天数比例

资料来源：2013 年中国环境状况公报。

专栏 3-2 新旧《环境空气质量标准》对比

2012 年，《环境空气质量标准》（GB 3095—2012）及《环境空气质量指数（AQI）技术规定（试行）》（HJ 633—2012）正式发布。新标准把 $PM_{2.5}$ 和 O_3 新增为监测和评价空气质量的常规指标，加严了 PM_{10} 和 NO_2 的浓度限值，以客观反映我国空气质量状况。与新标准同步实施的《环境空气质量指数（AQI）技术规定（试行）》增加了环境质量评价的污染物因子，调整了指数分级分类表述方式，完善了空气质量指数发布方式，以更好地表征我国环境空气质量状况，反映当前复合型大气污染形势，努力消除公众主观感观与监测评价结果不完全一致的现象。

与旧标准相比较，新修订后的标准作了如下调整：一是调整了环境空气功能区分类方案，将三类区（特定工业区）并入二类区（城镇规划中确定的居住区、商业交通居民混合区、文化区、一般工业区和农村地区）。二是调整了污染物项目及限值，增设了 $PM_{2.5}$ 平均浓度限值和臭氧 8 小时平均浓度限值，收紧了 PM_{10}、二氧化氮、铅和苯并芘等污染物的浓度限值。三是收严了监测数据统计的有效性规定，将有效数据要求由 50%～75% 提高至 75%～90%。四是更新了二氧化硫、二氧化氮、臭氧、颗粒物等的分析方法标准，增加自动监测分析方法。五是明确了标准实施时间。规定新标准发布后分期分批予以实施。

2012 年至 2014 年，环境保护部组织分阶段完成了在全国 338 个地级及以上城市的空气质量新标准监测实施工作。2015 年 1 月 1 日起实时发布全国所有地级及以上城市的空气质量监测数据。2016 年 1 月 1 日起在全国实施新标准。

专栏 3-3 中外环境空气质量标准对比

1. 主要控制污染物对比

（1）美国：SO_2、CO、NO_2、O_3、PM_{10}、$PM_{2.5}$、Pb。

（2）欧盟：SO_2、CO、NO_2、O_3、PM_{10}、$PM_{2.5}$、Pb、苯、As、Cd、Ni、多环芳烃。

（3）WHO：颗粒物（TSP、PM_{10}、$PM_{2.5}$）、SO_2、CO、NO_2、O_3、Pb、BaP 及气态氟化物。

（4）中国：SO_2、CO、NO_2、O_3、PM_{10}、$PM_{2.5}$、Pb、TSP、BaP。

（5）日本：SO_2、CO、NO_2、PM_{10}、$PM_{2.5}$、Pb、光化学氧化剂、三氯乙烯、四氯乙烯、二氯甲烷、二噁英。

（6）韩国：SO_2、CO、NO_2、PM_{10}、Pb、苯。

对比发现，目前世界各国控制的主要污染物是 SO_2、CO、NO_2、O_3、PM_{10}、$PM_{2.5}$ 和 Pb（杨晓波等，2013）。发达国家均已经将 $PM_{2.5}$ 列为了重点控制项目并且取消了 TSP 的浓度限值，而部分亚洲国家和地区仍未将其列为控制项目，中国在 2012 年才首次将其列入。

2. 中国与 WHO 空气质量准则中 PM_{10} 和 $PM_{2.5}$ 比较

我国此次修订的新标准其实只是做到了与世界的"低轨"相接。

单位：μg/m³

项目		中国		WHO 过渡期			WHO 准则期
		一级	二级	目标一	目标二	目标三	
PM_{10}	日平均浓度限值	35	75	75	50	37.5	25
	年平均浓度限值	15	35	35	25	15	10
$PM_{2.5}$	日平均浓度限值	50	150	150	100	75	50
	年平均浓度限值	40	70	70	50	30	20

中国气象局基于能见度的观测结果表明，2013 年全国平均霾日数为 35.9 天，比上年增加 18.3 天，为 1961 年以来最多。中东部地区雾和霾天气多发，华北中南部至江南北部的大部分地区雾和霾日数范围为 50～100 天，部分地区超过 100 天。《气候变化绿皮书：应对气候变化报告（2013）》指出，近 50 年来中国雾霾天气总体呈增加趋势。其中，雾日数呈明显减少，霾日数明显增加，且持续性霾过程增加显著。统计数据显示，我国雾霾天气成因具有明显的季节性变化。1981 年至 2010 年，霾天气出现频率是冬半年明显多于夏半年，冬半年中的冬季霾日数占全年的比例为 42.3%（人民网，2013）。

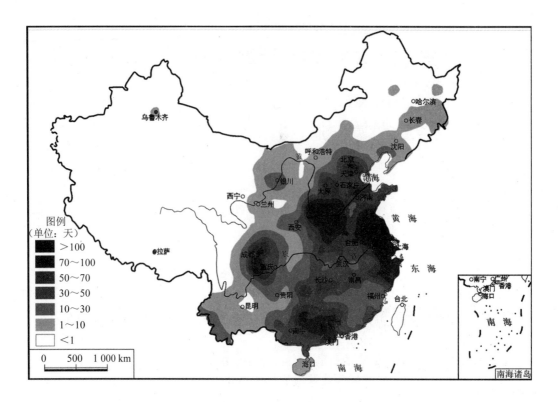

图 3-6   2013 年全国霾日数分布示意图

专栏 3-4   雾和霾的六大区别

雾是一种自然现象，是悬浮在贴近地面的大气中的大量微细水滴（或冰晶）的可见集合体。霾又称灰霾（烟霞），主要是人为因素造成的，是由于空气中的灰尘、硫酸、硝酸、有机碳氢化合物等粒子的集合体使大气混浊，视野模糊并导致能见度恶化。

雾与霾的区别主要包括：

（1）能见度范围不同。雾的水平能见度小于 1 km，霾的水平能见度小于 10 km。

（2）相对湿度不同。雾的相对湿度大于 90%，霾的相对湿度小于 80%，相对湿度介于 80%~90% 是霾和雾的混合物，但其主要成分是霾。

（3）厚度不同。雾的厚度只有几十至 200 m 左右，霾的厚度可达 1~3 km。

（4）边界特征不同。雾的边界很清晰，过了"雾区"可能就是晴空万里，但是霾与晴空区之间没有明显的边界。

（5）颜色不同。雾的颜色是乳白色、青白色，霾则是黄色、橙灰色。

（6）日变化不同。雾一般午夜至清晨最易出现；霾的日变化特征不明显，当气团没有大的变化，空气团较稳定时，持续出现时间较长。

第二节　影响我国城市空气质量的主要因素

一、城市环境对空气质量的影响

生态系统具有一定的自净能力。当大气环境受到污染时，通过大气的稀释、扩散、氧化等物理化学作用，能使进入大气的污染物质逐渐消失。例如，排入大气中的颗粒物经过雨、雪的淋洗而落到地面，从而使空气澄清的过程就是一种自净过程。大气自净能力与当地气象条件、地形条件、城市效应等诸多因素都有关。

（一）气象气候条件

近年来的雾霾天气频率上升，一方面是空气中污染物增多所致，另一方面合适的气象条件也是"引爆"大范围雾霾天气的重要因素。雾霾天气发生时，区域主要受低压辐合、高压中心或均压场控制，大气异常稳定而形成静稳天气，阻碍了空气的水平传输和垂直扩散。污染物不易向外扩散而造成集聚效应，污染越来越严重。同时，城市污染物在气压低、风速小的条件下，与低层空气中的水汽相结合，促进了二氧化硫、氮氧化物等污染物向硫酸盐和硝酸盐等二次颗粒物的转变，进一步加重雾霾的污染程度。

（二）地形条件

一些城市由于地形闭塞、大气流通不畅，导致大气污染物不易扩散，也容易出现大气污染。以北京市为例，研究表明，北京市地形呈簸箕状，受西山山脉阻挡，不利于污染物的扩散，大气污染物极易在市区上空累积形成高浓度污染。不利的气象条件也将会导致自然尘，污染大气环境。这类扬尘主要来源于裸露地表，在不利气象条件下（如大风、干燥等），这些颗粒物就会从地表进入空气中。我国大部分城市尤其是北方城市，气候干燥少雨，冬春季多风，极易形成扬尘污染。北方地区的沙尘暴，不但严重影响北方大部分城市，甚至会波及南方的部分城市。近些年的沙尘暴，不仅使北京、呼和浩特等北方城市的空气质量达到严重污染水平，对南京、上海等城市也有很大影响。

> **专栏3-5　沙尘天气影响空气质量状况**
>
> 2013年，沙尘天气分8次21天影响我国西北、华北等地区。新疆、内蒙古、青海、甘肃、宁夏、陕西、山西、北京、天津、河北等省份部分城市环境空气质量因受到沙尘天气影响分别出现了不同程度超标情况。由于沙尘天气影响，我国环保重点城市环境空气质量累计超标157天，较上年同期增多6.8%；造成空气质量重污染天数累计为38天，较上年同期增多245.5%。其中，兰州、西宁、银川、呼和浩特、西安、石嘴山、金昌等城市空气质量受沙尘天气影响较重，上半年沙尘天气出现天数在7天以上。

（三）城市效应

除了上述自然条件之外，人为因素也对城市大气污染有着重要影响。由于人为热、污染物的排放及下垫面性质的改变，使城市在区域气候背景下，形成一种特殊的局地城市气候，致使许多城市的大气环境质量恶化。

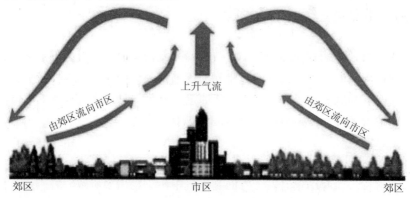

图 3-7   热岛效应引起的城市热力环流

首先，热岛效应形成城市热力环流，使郊区污染物向城区聚集，加重市区大气污染程度（图 3-7）。其次，高楼林立影响污染物扩散。一方面，城市建筑密度大，高度参差不齐，地面粗糙度大，减小风速，污染物不易扩散。另一方面由于建筑物相互阻挡，风到达城市后容易产生湍流，使得空气强烈混合，烟囱排出的浓烟也能扩散到地面（图 3-8）。通常，城市风速比郊区降低 20%～30%。例如，上海 1981—1985 年的平均风速比 80 多年前的 1894—1900 年降低了 23.7%。第三，城市热岛效应增加了城市高温静风条件出现概率，增大了二次污染物污染的风险。例如，臭氧是 NO_x 和 VOCs 在强烈日光、高温静风条件下生成的二次污染物。宽大马路缺少树荫遮蔽，夏半年强光日照下更易出现臭氧超标，增大了发生光化学烟雾污染的潜在危险。

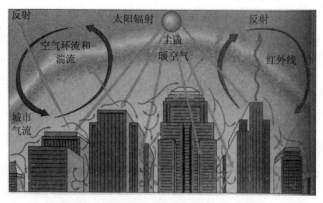

图 3-8   城市高楼间湍流抑制污染扩散

专栏 3-6 城市热岛效应

城市热岛现象是指城市中的气温明显高于外围郊区的现象。城市热岛效应一般会使城市年平均气温比郊区高出 1℃以上。夏季，城市局部地区的气温有时甚至比郊区高出 6℃以上。随着城镇化的发展，世界包括中国的许多大城市普遍出现了热岛效应，增大了能源消耗、降低了人居舒适度、加剧了城市污染、危及居民健康，影响了城市可持续发展。国外一些发达城市很早就意识到城市热环境控制的重要性，如日本在 2004 年专门颁布了《减轻城市热岛效应实施纲要》，2005 年又由政府专门指定了 10 个城市作为试点区域，因地制宜采用各种冷却方案来解决城市热岛问题（Yamamoto，2006）。美国加州以及芝加哥等地区或城市也采取了一些措施缓解热岛效应。与国外发达国家相比，尽管国内学者对城市热岛效应以及城市热环境控制问题作了大量基础性研究工作，但是在我国城市环境管理方面对还未引起足够重视。城市热岛效应的形成主要有以下原因。

1. 人工建筑物、地面的热容量小

混凝土、柏油路面以及各种建筑墙面等人工建筑物吸热快而热容量小，在相同的太阳辐射条件下，沥青路面和屋顶温度可高出气温 8～17℃。在夏季烈日照射下，马路上的温度比草地高 18℃，而水泥屋顶比草地高 20℃（杭州市环境保护局，2008）。据估算，城市白天吸收储存的太阳能比乡村多 80%。此外，由于城市建筑密度大，高度参差不齐，地面粗糙度大，增大了城市出现静风天气的概率，不利于驱散热岛效应。自 20 世纪 80 年代以来，北京年平均风速维持在 2.2～2.4 m/s，总体的大气状况不利于缓解热岛效应。

2. 空调、机动车等人工热源快速增长

城市中机动车辆、工业生产及人群活动产生了大量人为热量和温室气体的排放。空调余热排放增加，加剧了室外空气升温，又进一步增大了热岛效应和能源消耗，形成正反馈效应。国外研究发现在洛杉矶和华盛顿市气温每增加 1°F，空调电能增加 20%（Akbari et al.，1989）。

3. 城市绿地减少、碎化，生态调节功能减弱

一般认为当一个区域绿化覆盖率达到 30%时，热岛强度开始出现较明显的减弱；绿化覆盖率大于 50%，热岛的缓解现象极其明显。2008 年北京城市绿化覆盖率已达到 42.5%。但是北京的热岛效应依然在增强。其主要原因在于绿地碎化，生态功能减弱。根据测定，同类密林、疏林到草地，由于其破碎度的不同，它们对地面温度的影响能力也有很大不同（雪梅等，2005）。绿地单体只有达到一定的规模（面积大于 3 hm^2 且绿化覆盖率达到 60%以上），成熟乔木疏密度（绿量）达到或超过 15.33 m^2/hm^2 时，才能形成以绿地为中心的低温区域（马跃等，2007）。

切实预防、有效制止"热岛效应"，必须加强城市规划的科学性，如统筹规划公路、合理布局建筑、增加通风廊道和街道、绿地空间，实行屋顶绿化、墙壁垂直绿化，多建林荫大道，铺装透水路面，增加市区水域面积等。根据调查，雨后的保湿路面同沥青路面相比，温度可降低 6℃。总之，只有综合控制城市热环境，才能从区域尺度上实现城市降温。

二、生产活动对城市空气质量的影响

在我国,城市不合理的能源结构、不合理的工业布局、迅速增长的机动车数量以及城市扬尘加剧了城市的大气污染。

(一)能源结构和产业布局不合理

我国大多数城市工业布局和能源结构的不尽合理,技术水平相对落后,从而导致大量烟(粉)尘、二氧化硫、氮氧化物进入大气,其中县以上城市由于污染源密集,污染物排放量大,大气污染形势尤为严峻。

目前,我国的能源结构以煤炭为主。能源的总消耗量中煤炭占65.7%,2013年原煤消耗近37亿t。这种以煤炭为主的能源趋势近期内不会改变,且有不断加重的趋势。另外,我国煤炭中含硫量较高,西南地区尤其严重,一般都在1%~2%,有的高达6%,这是导致西南地区酸雨污染的最主要原因。正是由于我国大多城市煤炭消耗量大,煤质差,灰分含量高,加上电和焦炭等次级能源的转化率低,导致我国城市大气污染日趋严重。

随着城镇化进程的加快,大量人口流入城市,生活用能的增加也给城市大气环境带来了更多的压力。尤其是北方城市冬季取暖以煤为主,炉灶点多面广,治理难度大,已经成为影响城市大气环境的另一个重要污染源。

除煤炭外,石油等能源在开发利用过程中也会对大气质量产生一定的破坏作用。一是地区性的影响,如包括烟尘、SO_2、NO_x、CO等在内的大气污染。二是全球性的影响,如温室效应、臭氧层破坏和酸沉降。

(二)城市机动车增长势头迅猛,单车排放水平高

我国自20世纪80年代开始出现私人汽车,到2003年社会保有量达到2 400万辆,私人汽车突破千万辆用了近20年,而突破2 000万辆仅仅用了3年时间。目前私人汽车占全部机动车比率达到54.9%,比10年前提高了29.9%。2003—2013年间,我国汽车保有量平均每年增加1 100多万辆,从2 400万辆增长到1.37亿辆,增长了4.7倍,见图3-9。2014年国内汽车保有量近1.4亿辆。

截至2013年年底,全国31个省会城市的汽车数量几乎都超过100万辆,其中北京、重庆、天津、成都、深圳、上海、广州、苏州、杭州、郑州等10个城市汽车数量超过200万辆(人民网,2014)。

汽车数量的激增,加上道路建设和管理相对滞后,导致交通阻塞,交通拥堵、车速下降,又进一步加剧污染排放。机动车尾气污染已经成为城市大气污染的重要来源。监测数据表明,车速过快和过慢污染排放量都会增加,车速与污染排量的关系是一条微笑曲线(图3-11)。

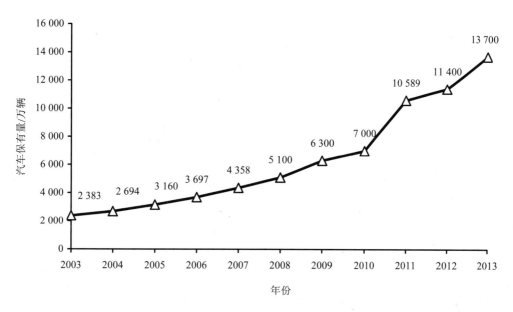

图 3-9　我国历年汽车保有量

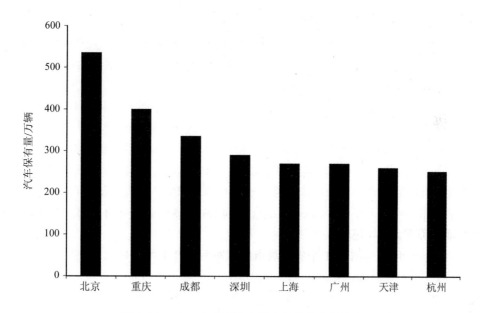

图 3-10　2013 年我国汽车保有量排名前列城市

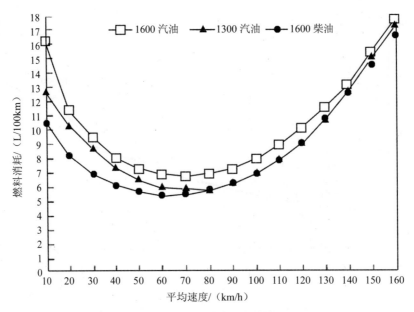

图 3-11   油耗随车速的变化

资料来源：[英]德利科·埃尔森. 烟雾警报——城市空气质量管理. 北京：科学出版社，1999.

专栏 3-7   道路拥堵的环境与经济代价

在所有的交通方式中，轿车的单位通过量效率最低，占用交通道路面积最多，是加剧道路拥堵的重要原因之一。根据联邦德国的资料，运送每人所需的交通面积，轿车是自行车的 4 倍，是有轨电车的 20 倍，是地铁的 6~12 倍，是步行的 40 倍（王蒲生，2001）。交通拥堵不仅造成时间延误，还会带来燃料消耗、大气污染等问题。著名经济学家茅于轼曾估算：1997 年北京堵车损失总数不下 30 亿元，约占北京国内生产总值的 5%；2003 年损失总量不下 60 亿元（冯相昭，2010）。

汽车尾气直接排放的污染物主要是：一氧化碳（CO）；碳氢化合物（CH）；氮氧化物（NO_x）；颗粒物；硫的氧化物（SO_x）等。如图 3-12 所示，轿车单位运量的排放量明显高于其他机动车，对环境和人体健康的危害十分严重。

例如，汽车尾气排放的氮氧化物和硫氧化物，是形成酸雨的最重要的前体物。在美国，70% 的酸雨前体物是汽车排放的氮氧化物。汽车尾气直接排放到大气的污染物，叫做一次污染物。进入大气的汽车尾气污染物，在阳光照射下，发生光解反应和自由基反应，生成二次污染物。光化学烟雾主要就是由一次污染物和二次污染物组成的。

汽车尾气直接排放的污染物及其气引发的光化学烟雾，对人们身体健康的危害巨大。例如，高浓度的 NO 能够引起中枢神经系统的功能障。NO_2 可以导致肺气肿。有研究指出，北京市汽油车、摩托车和重型柴油车的 PM_{10}、$PM_{2.5}$ 排放因子分别是美国同期水平的 1.7~8.6 倍、2.1~3.5 倍和 1.3~1.5 倍，因为车辆保有量迅速增加，北京市 1998 年机动车 $PM_{2.5}$ 排放量较 1995 年增加了 42.5%，机动车尾气已是 $PM_{2.5}$ 的重要来源，且"贡献率"越来越大。

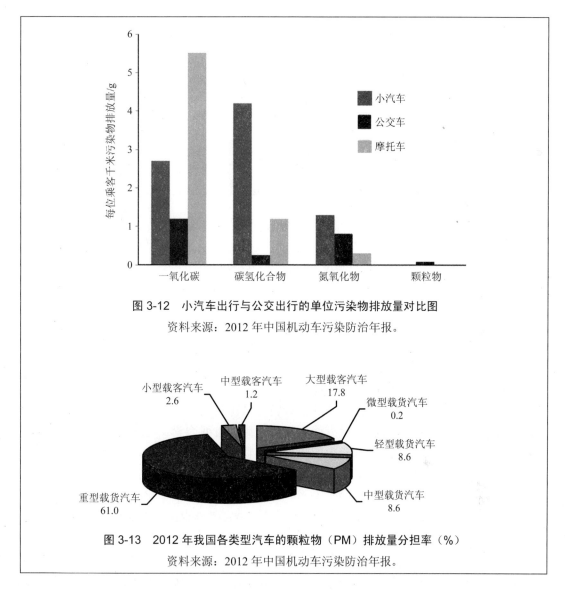

图 3-12 小汽车出行与公交出行的单位污染物排放量对比图

资料来源：2012 年中国机动车污染防治年报。

图 3-13 2012 年我国各类型汽车的颗粒物（PM）排放量分担率（%）

资料来源：2012 年中国机动车污染防治年报。

近年来，我国相继颁布并实施了新车排放标准，从生产环节对汽车排放标准加以管制。新生产机动车的环保管理是从源头预防和控制机动车污染物排放的重要手段，主要通过制定和实施国家机动车污染物排放标准，从设计、定型、批量生产、销售的全过程加强环境监管，保证机动车能够稳定达到排放标准的要求。目前新生产机动车的全国汽车排放标准进入第四阶段（执行国Ⅳ标准），北京、上海等一线城市已开始实施第五阶段标准。但是由于技术落后车辆存量较大，全国机动车污染控制总体水平仍较低。目前达到国Ⅳ及以上标准的汽车仅占 10.1%，国Ⅲ标准的汽车占 51.5%，国Ⅱ标准的汽车占 15.7%，国Ⅰ标准的汽车占 14.9%。其余 7.8% 的汽车还达不到国Ⅰ标准。按环保标志分类，高排放的"黄标车"仍占 13.4%（环境保护部，2014）。

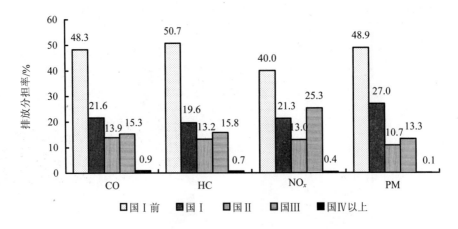

图 3-14　不同排放标准汽车的污染物排放分担率

资料来源：2012 年中国机动车污染防治年报。

（三）城市建筑扬尘加剧大气污染

大气中的颗粒物主要通过两种途径进入大气。一种是排放源直接排放，如燃煤烟尘、工业尘等。另一种是排放源排出的颗粒物沉降后又在风力或其他自然力、机械力、人类活动扰动下，再次或多次进入大气，这些颗粒物被称为扬尘。有资料显示，我国城市大气颗粒物污染十分严重，目前已成为城市大气污染的首要因素。近年来，随着大气治理力度的加大，来源于工业烟尘和粉尘的颗粒污染物数量正逐年减少，城市扬尘污染却没有好转的迹象，有些城市还在进一步恶化，已成为我国大多数城市颗粒污染物的主要来源之一。

第一类是粗放施工造成的建筑尘。我国正处于城市基础设施建设的高峰时期，建筑工地、拆迁过程、道路施工及堆料、运输遗撒等施工过程产生的建筑尘不断增多，已成为城市大气污染的重要原因之一。在施工过程中，由于管理措施不够完善，一些工地粗放式施工。料堆遮挡不够完整、严密，造成容易起尘的物料、渣土外逸；没有及时清理和覆盖建筑垃圾、渣土等；施工现场的路面没有及时清扫、出入工地的机动车没有及时冲洗等，均易产生建筑扬尘。研究表明，2010 年南京市建筑扬尘 TSP、PM_{10} 和 $PM_{2.5}$ 的排放量分别达2.53 万 t、1.40 万 t 和 0.95 万 t，分别占工业烟（粉）尘排放量的 23%、13% 和 8.6%（佟小宁等，2014）。

第二类是随风飞扬的堆放物尘。城市中的各类工业钢渣、粉煤灰、碱渣的堆放场、垃圾堆放场、原煤堆放场等也是扬尘的重要来源。在我国城市中，各类物料堆放场随处可见，并且大多数都没有采取有效的防尘措施。每个锅炉（尤其是采暖季）都至少对应一个原煤堆放场和粉煤灰场，如果把城市所有的物料堆放场加在一起，有的城市会达到几平方公里的面积。这么大的开放源，没有合理有效的防尘措施，在不利的气象条件下，极易对大气造成严重的扬尘污染。

　　第三类是对行人影响较大的道路尘。交通运输过程中撒落于道路上的渣土、煤灰、灰土、煤矸石、沙土、垃圾等各种固体，以及沉积在道路上的其他排放源排放的颗粒物，经来往车辆的碾压后形成粒径较小的颗粒物进入空气，形成道路交通尘。在道路等级不高、道路两旁绿化不好的路面上常常积有大量的尘土，汽车行驶在这类路面上会造成尘土飞扬。这部分颗粒物往往是反复扬起、反复沉降，造成重复污染。

　　第四类是量大面广的裸露地面尘。我国城市，尤其是北方城市绿化水平较低，道路两旁、老居民区、城乡结合部等地方存在着大量的裸露地面，这些裸露地面都是城市扬尘的重要来源。

第三节　国内外城市空气质量管理的经验

　　解决生态环境问题不可能毕其功于一役，需要经过较长时期艰苦不懈的努力。英国伦敦摘掉"雾都"帽子，美国洛杉矶治理光化学烟雾，都耗费了数十年时间，他们治理城市空气污染的成功经验值得借鉴。

一、伦敦综合治理城市大气污染的举措

　　伦敦曾经是世界闻名的"雾都"。和世界上许多大城市一样，伦敦由于工业和人口过分集中、车辆过多、燃料结构不合理等原因，曾导致严重的大气污染。伦敦的大气污染治理工作从最初的认识不足、未予治理，到后来的高度重视，大力整治，经历了一段漫长的发展历程。

　　19 世纪的伦敦既是著名的港口，又是世界金融的中心，吸引了大量的人口和工商业向这里集聚。1801—1901 年，伦敦人口从 95.9 万人猛增至 454 万人，郊区住宅也随之越来越密集。当时伦敦地区的工业发达、烟囱林立，工业和无数家庭所产生的煤烟相混合，使伦敦经常笼罩在污浊的浓烟中。另外，由于地理位置独特，每到秋冬季节，海雾就笼罩在伦敦上空，于是就形成了烟和雾混杂的灰黄色烟雾。

　　至 20 世纪 50 年代，由于迟迟未对大气污染采取有效的治理措施，伦敦一年里的"雾日"（即指视域不超过 1 000 m 的天数）平均多达 50 天。1952 年冬天，伦敦每天光照时间仅为 70 分钟。同年 12 月 5 日至 8 日，发生了震惊世界的"伦敦烟雾事件"。当时由于连续几天的高气压控制，并且出现大雾，地面处于无风状态，上空又有逆温层，使地面冷空气不能逸散，导致家庭和工厂烟囱排出的烟尘经久不散，每立方米大气中的二氧化硫达 3.8 mg，烟尘达 4.5 mg。在这样的环境下，人们感到呼吸困难、咳嗽、喉痛、呕吐、发烧，4 天内伦敦市就有 4 000 多人死亡，一周之内因支气管炎死亡的人数达到 704 人，其他疾病（如冠心病和肺结核等病患者）的死亡率也成倍增加。这种污浊的空气不仅损害了人体健康，而且也严重地腐蚀了建筑物。著名的伦敦议会广场和白厅大街周围，整齐地排列着许多白石砌成的建筑物，由于长期处在污染的空气中，这些建筑物的外表已经由白转黑。

不仅如此，这种受到严重污染的空气还使土壤贫瘠、水质恶化，并影响动植物的健康生长。因此，治理空气污染成了当时伦敦面临的一项刻不容缓的任务。50 年代初至 70 年代末，伦敦开始重点治理煤烟对大气污染造成的危害，他们制定了一系列法律和政策，采取了切实有效的综合治理措施，取得了显著成效。

80 年代至 90 年代，伦敦的机动车数量猛增。监测结果表明，工业排放的大气污染物在减少，机动车排放的尾气占大气污染物的比例在增加，并逐渐成为伦敦主要大气污染物。根据这种情况，伦敦控制大气污染工作的重点又开始转向治理机动车尾气污染，有关部门也出台了治理机动车尾气污染的措施。主要包括改变机动车设计及燃油结构，加强交通管理等方面。

从煤烟型污染到汽车尾气型污染，伦敦治理大气污染的成功经验主要体现在以下几个方面。

1．加强立法

当时伦敦市严重的大气污染引起了英国政府及社会各界的高度重视。在整个治理过程中，政府发布了各种相应的法律、通告，为成功控制大气污染奠定了基础。1956 年，英国政府颁布了《清洁空气法》（1958 年又加以补充），该法令主要包括四个方面内容。第一，设立控烟区（也称无烟区）。在控烟区内准许使用的燃料为无烟煤、焦炭、电、煤气、低挥发性锅炉煤、燃料油，禁止使用其他燃料。第二，控烟区住户改装炉灶以适应新燃料。其改造费用 30%自理，30%由地方解决，40%由国家补助。第三，规定超过林格曼二度①的烟尘为黑烟，超过林格曼四度的为浓烟。地方管理局在控烟区内禁止排放黑烟。第四，新建工业锅炉在使用时尽量不排放黑烟，地方管理局有权禁止建设烟囱高度不合格的建筑。

1956 年英国政府还制定了《制碱等工厂法》，该法令的要点如下：第一，规定有污染的生产工艺每年登记一次。第二，登记条件是必须采用可以连续有效使用的最佳可行设施，以防止排出有害气体。第三，某些工艺须规定酸性上限浓度。第四，根据《清洁空气法》的规定，登记后的工艺不得排放黑烟。

1967 年，英国政府发布有关提高烟囱高度的通告。通告规定，工厂烟囱高度须为建筑物的 2.5 倍（据研究，当二氧化硫的排放总量与燃料用量成正比时，当时的技术条件下，高烟囱能使地面大气中二氧化硫含量减少 30%）。

1974 年英国政府又颁布实施了《控制公害法》。该法全面系统地规定了对空气、土地、河流、湖泊、海洋等方面的保护及对噪声的控制条款。

此外，英国政府颁布的关于控制大气污染的法令还有《公共卫生法》《放射性物质法》《汽车使用条例》和《各种能源法》等。上述各种法令、通告的颁布，对控制伦敦的大气污染和保护城市环境发挥了重要作用。

2．改变能源结构

50 年代，伦敦的有关部门通过对大气污染源进行分析，发现污染物主要来自工业

---

① 林格曼是反映锅炉烟尘黑度（浓度）的一项指标，英国修订的《清洁空气法》确定了烟尘浓度的"林格曼黑度"，是对烟气黑度进行评价的一种方法。

及家庭燃煤。因此，他们决定增加清洁能源的比例，将燃煤改为使用油、天然气及电力等。为加快燃料结构的改变，政府采用补贴的办法帮助居民改造燃具，而且要求市区和近郊区所有的工业企业都不准用煤炭和木柴作燃料，其产生的废气也必须利用物理和化学方法加以净化，达标后才可排出。由于采取了上述有力措施，到1965年，煤在燃料构成中的比例降至27%（1980年进一步减少到5%，而且还仅限于远郊区工厂使用），电和清洁气体燃料所占比例为24.5%（至1980年提高到51%），燃料油为43%（1980年为41%）。

3. 疏散人口和工业企业

为了解决由于城镇人口和工业企业过于集中而给市区带来大气污染等问题，伦敦在40年代末已建成8座新城的基础上，于60年代末在城市的北部和西北地区又兴建了彼得伯勒、米尔顿凯恩斯、北安普顿3座新城（距伦敦市中心的距离从80~133 km不等），这些新城为人口和工业外迁提供了有利条件。在此基础上，一方面伦敦政府利用税收等经济政策，鼓励市区一些企业迁移到这些人口较少的新发展区。另一方面，各新城对吸引工业企业落户也采取了积极的措施，比如划定工业区范围、铺设道路、建设不同规模的厂房以供出租、注意创造好的居住环境等，同时对优惠条件进行大力宣传。由于政府对外迁的优惠政策和新城具体的优惠条件，因此许多工厂纷纷外迁。自1967年起，伦敦市区工业用地开始减少，至1974年市区共迁出2.4万个劳动岗位，以后又迁出4.2万个。与此同时，新城企业由原来的823家增加到2 558家，新城的人口总数也由原来的45万增至136.7万（包括其他地区迁入的人口）。

4. 加强对机动车尾气排放的综合治理

80年代初，伦敦的机动车保有量已达244万辆，道路交通阻塞日趋严重。同时，汽车数量的增加也引发了机动车尾气排放对大气的污染。面对这一严峻局势，伦敦当局采取了以下控制污染、综合治理的措施。

第一，实行公共交通优先发展战略，以减少民众对小汽车的依赖，从而有效降低机动车二氧化碳排放量。具体办法有：设立公交专用道，设立1 000英里长的自行车线路网，设立林荫步道网，投资发展新型节能、无污染的公交车辆。

第二，扩大交通限制的范围。过去伦敦的交通限制重点集中在中心地区的高峰时段。随着城镇化和交通的发展，从内伦敦到外伦敦的各城镇中心、主要的放射道路及高速公路，也像市中心地区一样，陆续实行了以交通限制为基础的一揽子方案，同时，辅之以切实可行的土地利用和交通政策，以防止空气质量和环境进一步恶化。为了控制轿车数量，缓解堵车状况和减少空气污染，从2000年起提高停车费用。同时，市内原有的各大公司、公共场所的免费停车场也一律改为收费停车场。

第三，加强对城市大气质量的控制管理。政府制定的控制大气质量的近期目标是，政府制定有关机动车尾气排放量的控制目标及实施细则。加强汽车制造业的技术改造，设计生产先进的环保型轿车。

专栏 3-8　伦敦的交通拥堵费

根据 1999 年《大伦敦授权法案》，伦敦市长有权通过征收交通拥堵费来减小交通流量。从 2003 年 2 月 17 日起，伦敦开始征收交通拥堵费，征收的区域囊括了整个伦敦金融区和商业娱乐区。为了消除征收交通拥堵费带来的负面影响，伦敦在 8 000 辆公共汽车的基础上又增加了 300 辆公共汽车。伦敦对交通拥堵费的征收由伦敦交通局管理，免征车辆包括每公里二氧化碳排放量低于 75 g 或者达到"欧 5"标准的汽车、9 座（含）以上的客车、电动汽车、三轮摩托车、道路维护车、消防车、国民医疗服务系统的车辆。伦敦的交通拥堵费对外国驻伦敦大使馆的车辆照收不误，2011 年 5 月 29 日，伦敦市长鲍里斯·约翰逊亲自向美国总统奥巴马追索交通拥堵费，因为奥巴马总统在伦敦访问期间，乘车通过了交通拥堵收费区而没有交费。

征费时段为星期一至星期五的早 7 点到晚 6 点，周末和法定假日也不免征交通拥堵费。依据 2013 年 7 月 1 日颁布的征费标准，每车每日 10 英镑，如果在当日 24 点前未能交费，次日交费则是 12 英镑。在 2006—2007 财年，伦敦交通拥堵费共征收了 2.524 亿英镑，占交通局全年财政收入的 8.5%。而征费管理成本为 1.301 亿英镑，几乎占征费总额的一半。伦敦交通局的公共汽车和地铁收入为 22.694 亿英镑，占财政收入的 76.6%。

伦敦交通局 2007 年 6 月的一份报告显示，根据长期监测，征收交通拥堵费后，征费区内的应征费车辆比征费前减少了 30%，而出租车、公共汽车尤其是自行车的数量却大量增加。在交通拥堵收费区内，征费前公共汽车的乘车人数每日不足 9 万人，征费后的 2007 年增加到 11.6 万人，地铁的乘车人数增加了 1%。

伦敦交通局宣布交通拥堵费的实施，让伦敦的空气质量得到明显改善。在收费区，征费后的 2003 年与征费前的 2002 年比较，空气中的氧化氮浓度下降了 13.4%，PM_{10} 浓度下降了 15.5%，二氧化碳浓度下降了 16.4%。根据伦敦交通局 2007 年的监测报告，2003—2006 年，氮氧化物的排放量下降了 17%，二氧化碳排放量下降了 3%，PM_{10} 的排放量下降了 24%。

2005 年，伦敦交通局的年度报告也显示，交通拥堵收费区内的商业不但没有因收费变得萧条，反而更加繁荣，销售额和利润均较收费前均有所提高，交通拥堵收费区的经济比伦敦其他地区的经济发展得更好（刘植荣，2013）。

---

5. 发展监控技术，建立大气监测网

自 1961 年开始，英国在全国范围内建立了一个由 450 个团体参加的大气监测网。监测网有 1 200 个监测点，平均每小时对烟尘与二氧化硫采样一次，每月测降尘量一次，其中伦敦、爱丁堡、谢菲尔德三个城市被列为重点监测区。

6. 建立专门的管理、咨询机构

为了加强对大气污染的治理，大伦敦议会确定了 17 个不同的行业机构，分别制定实施大气污染控制的各项措施。

7. 加强绿化建设

伦敦自 20 世纪中期以来一直推进城市生态园林建设，把它作为一项调节城市大气环境、保持生态平衡和生物多样性的战略性工作。生态园林的建设不仅美化了城市，也改善了大气环境，提高了城市整体环境质量。昔日破败的城市衰落区转变成为空气清新、优美宜人、富有特色的高品质区域，吸引了众多的投资者和观光客。重视城市内部绿化建设的同时，伦敦也加大环形绿带建设。伦敦市在城市外围建有大型环形绿带，该绿带面积达 4 434 km²，与城市面积（1 580 km²）之比达到 2.82：1。

由于采取了综合治理措施，伦敦的大气污染自 20 世纪 60 年代后就得到了有效控制。60 年代以后，伦敦大气中的有害成分有所减少，特别是烟尘和二氧化硫含量明显降低，二氧化硫浓度降到 0.1 mg/m³ 以下。到 70 年代中期，伦敦已基本摘掉了"雾都"的帽子。1976 年冬，伦敦的能见度比 1958 年以前增加了 70%。至 90 年代初，伦敦空气中烟尘和铅的指标已基本达到国际组织和英国有关部门所规定的要求，特别是大气中二氧化硫含量已基本低于欧共体规定的标准（250 μg/m³），低层空气中烟的污染有 93% 得到了控制，酸雨的危害已基本消除。

二、美国洛杉矶空气质量管理经验

加利福尼亚州坐落于美国西部海岸，是全美面积第三、人口与经济总量第一大州。以洛杉矶为中心的南加州地区是全州人口最密集、经济最发达的地区之一，也是全世界最大的汽车消费市场，平均每一名获得驾驶执照的洛杉矶市民拥有 1.8 辆汽车。汽车业在成为洛杉矶重要的经济支柱的同时，也给当地环境带来了巨大的负面影响。

1943 年初夏，洛杉矶初次遭遇光化学烟雾天气。本应晴朗的日子里，整座城市被浓厚的浅蓝色烟雾包围。前往市区医疗中心医治眼部和咽喉疾病的患者人数激增，但是当时并没有引起广泛的关注。起初，一些卫生专家坚称这是"绝对的偶然事件"，但是烟雾却迟迟没有散去。同年 7 月 26 日，烟雾污染达到了最严重程度，新闻报道称"这讨厌的烟雾已经让人无法忍受"。空气污染事件给当地居民的健康和日常生活造成了恶劣的影响，1955 年因呼吸道衰竭死亡的 65 岁老人达 400 多人。很多居民患上了眼睛红肿、咽炎、喉炎等疾病，1970 年约 75% 的居民患上了红眼病。最初因为缺乏烟雾形成原因及其具体影响的科学论证，民众猜测烟雾可能是由橡胶工厂排放的丁二烯造成，当地的污染工厂迫于舆论压力暂时关闭之后，空气情况仍未见改善。直至 1950 年，加利福尼亚州科技中心的著名生物学家 Haagen Smit 发表的论文《洛杉矶空气污染问题》指出，机动车尾气污染才是洛杉矶光化学烟雾污染的罪魁祸首。

在研究烟雾事件成因的过程中，洛杉矶和加州政府开始尝试对空气污染进行监管防治。1945 年，洛杉矶市开展了空气污染防治控制项目，并在其健康部门内设置了烟雾控制局。1947 年，加州通过了《空气污染控制法》，要求在加州各郡县成立空气污染控制区。至此，加州空气污染防治的战争全面打响。

1. 设立专门的空气质量管理机构

1978 年，南部海岸大气质量管理局（South Coast Air Quality Management District, AQMD）诞生。加州立法机构设立的 AQMD 是一个区域协调性的管理机构，管理着洛杉矶 1.2 万平方英里范围内 4 个县的空气质量。这些县包括洛杉矶、文图拉、里弗赛德和圣贝纳迪诺。目标是在所有相关联邦、州以及地区一级空气污染法律和标准的指导下保护公众健康免受空气污染的伤害。AQMD 由一个 12 名委员组成的兼职委员会进行管理，这些委员由上述四个县及该地区的 5 个城市、加利福尼亚州议会以及参议院规章制度委员会来任命。

AQMD 是大洛杉矶地区空气质量管理的核心机构。该机构与其他众多机构密切合作，尤其是加州空气资源协会。后者负责确定机动车尾气排放标准，监督 AQMD 的工作表现并且批准其提交的清洁空气计划。此外，如果地区性计划措施不够得力，环保局有权在该地区实施额外的控制措施，就污染产生的影响开展研究，并向加州以及地方环境部门提供技术帮助。AQMD 还与南部加州政府联盟开展了密切合作，将空气质量融入交通、住房以及发展管理的长期区域规划之中。

AQMD 拥有强大的专业人员队伍，具有很高的自治权和影响力。其营运资本预算以每年超过 1 亿美元的速度增长，这些资金主要来自于本地区，包括根据商业和工业评估得出的运营费、加工许可费、排污费、机动车登记费以及来自环保局和加州空气资源协会的赠款。

AQMD 采取的措施对整个地区都产生了深远影响，引导州政府和联邦政府制定了关于汽油、溶剂、油性漆和其他商业产品的排放标准，大多数生产商不得不对产品进行改良或重新设计，减少污染。管理局还制定了许可证制度，规定了工业机器设备的排放总量，对排放限额实行定期检查，违法企业需支付罚款或受到民事处罚。为了提高公众意识，管理局还开展了宣传教育，使人们认识到需要采取更多措施减少空气污染。

洛杉矶盆地的空气污染有 30%～40% 来自 AQMD 直接监管的制造业及相关产品，其他的 60%～70% 来自流动源，如汽车、公交车、卡车、火车、飞机、轮船等，流动源属于环保局和加州空气资源委员会等部门的监管范围。虽然 AQMD 对这些流动源只能产生间接影响，但这种影响却十分巨大。例如，在 AQMD 的大力支持下，加州销售的新车要求必须安装污染控制装置，这也使得加州的汽车装备着世界上最清洁的内燃机，燃烧的也是最清洁的汽油。

2. 全州实行自下而上与区域协作相结合的管理体制

1947 年加州州长 Earl Warren 签署了《空气污染控制法》，要求在加州所有 58 个县建立空气污染控制区。1948 年成立的洛杉矶县空气污染控制区成为加州及联邦第一个大气污染治理专门单位。但是，在每个县单独设置空气污染控制区会造成资源的浪费，行政成本上升，因此加州在 1947 年颁布了《空气污染控制区域法》，允许多个县共同组建空气污染控制区。从 1995 年至今，加州已经设立 21 个空气污染控制区和 14 个空气质量管理区，共计 35 个空气管理区。这些管理区并不是严格依据加州各县的行政界线来划分的，而是综合考虑了大气污染情况、地理情况及其他因素而进行划分的，例如根据地理因素建立的大盆地联合空气污染控制区。空气管理区是加州区域大气污染防治的基础管理单位，主要负责管理区域内以工厂为主的固定性空气污染源。

确认机动车是洛杉矶光化学烟雾事件的罪魁祸首后，加州在 1959 年成立了加州机动车污染控制协会，并于 1967 年颁布《马尔福德空气资源法案》，组建了加州空气资源局。加州空气资源局不仅继承了其前身机动车污染控制协会和空气卫生局的职能，负责全州境内以机动车为主的移动性污染源，还是加州大气污染防治的统管协调部门。加州空气资源局成立后，以空气管理区为基本单元的区域大气污染防治监管机构体系初步建成。

各级政府之间对空气质量监管有着不同的分工。联邦《清洁空气法》要求美国环境保护局制定全国范围内的空气质量标准，同时也允许各州结合自身实际情况制定和实施不低于全国水平的空气质量标准。加州空气资源局制定的《加州空气环境质量标准》，对部分污染物（如颗粒物和臭氧）作了更加严格的规定，同时还增加了《国家空气环境质量标准》没有的四项标准：降低能见度的颗粒物、硫酸盐、硫化氢和氯乙烯。根据空气质量计划制度，未达到州空气质量标准的地区需要向加州空气资源局提交空气质量计划，并重点附上将采取的具体措施，以确保在规定时间内本地区空气质量能够达到州空气质量标准。

3．多措并举建立防治空气污染的法律政策体系

1955 年 7 月 14 日，美国国会通过了联邦第一部空气污染防治法律——《1955 联邦空气污染控制法》，该法为空气污染的研究和防治提供了支持，并对联邦和州的任务进行了分工。

步入 60 年代，加州人口达到 1 600 万，注册车辆数量达到 800 万。为了应对迅速增多的车辆可能带来的空气污染，美国政府在 1960 年制定颁布了《1960 联邦机动车法》，旨在研究机动车辆造成空气污染的应对策略。同年，加利福尼亚州成立了机动车污染控制委员会，其主要职能是检测在加州出售的汽车配件是否符合要求并检验汽车的废气排放量。1966 年，加州制定并颁布了第一部《机动车排放标准》，比联邦政府出台的标准提前了两年。加州空气资源局在 1969 年制定了加州第一部包括总悬浮颗粒物、光化学氧化剂、二氧化硫、二氧化氮和一氧化碳共五项指标的空气质量标准，此时美国《全国空气环境质量标准》还尚未出台。

加州还通过立法明确管理区的权责，如 1966 年《南海岸空气质量管理区法》及 1992 年通过的《莫哈韦沙漠空气质量管理法》。1988 年，《加州清洁空气法》所确立的空气质量计划制度与加州空气环境质量标准制度一起构成了加州区域大气污染防治机制的主要协调保障制度。

在固定性和地区污染源方面，加州逐渐建立起针对氮氧化合物、硫化物等主要大气污染物以及有毒气体的控制体系和政策措施。作为传统指令控制手段的补充，市场激励措施在其中发挥了重要作用。1992 年，AQMD 推出了氮氧化物、硫氧化物许可证交易制度，即"区域清洁空气激励市场计划"（RECLAIM），旨在以最低的社会成本实现工业减排目标。该计划一直是美国同类计划中最具规模的，它的成功受到了普遍认可。据统计，该项目在 1994—2003 年有效地减少了 75% 的氮氧化物以及 60% 的硫氧化物排放。

三、国内城市的大气污染治理经验

多年以来，我国针对大气污染实施了多项控制措施，有力地推动了大气污染防治工作。尤其是"十一五"以来，通过实施富有创新性的政策措施，首次实现了全国 SO_2 排放总量的下降，城市空气质量得以改善。近年来，我国出现长时间大范围重污染雾霾天气，严重影响人民群众生产生活和身体健康。解决人民群众反映强烈的雾霾污染问题，既是满足人民群众享有美好环境新期待的重要举措，也是推进生态文明建设的重要突破口。在此背景下，我国于 2013 年 9 月 10 日正式发布《大气污染防治行动计划》，提出十条 35 项措施。其中确定的奋斗目标和具体指标是：经过 5 年努力，全国空气质量总体改善，重污染天气较大幅度减少；京津冀、长三角、珠三角等区域空气质量明显好转。力争再用 5 年或更长时间，逐步消除重污染天气，全国空气质量明显改善。到 2017 年，全国地级及以上城市可吸入颗粒物浓度比 2012 年下降 10%以上，优良天数逐年提高；京津冀、长三角、珠三角等区域细颗粒物浓度分别下降 25%、20%、15%左右，其中北京市细颗粒物年均浓度控制在 60 μg/m³ 左右。为实现以上目标，《大气污染防治行动计划》确定了十项具体措施，其中包括国务院与各省级政府签订目标责任书、进行年度考核、严格责任追究等。《大气污染防治行动计划》是我国推进大气污染防治工作的纲领性文件，也是探索环境保护新路的重大举措，打响了向 $PM_{2.5}$ 污染宣战的"发令枪"，掀起了以防治大气污染为目标的全社会行动。

大气污染治理的应急措施方面，北京、上海、南京等市在迎办 2008 年奥运会、2010年世博会、2014 年青奥会和亚太经合组织会议时期，针对大气污染治理也采取了一系列行之有效的措施，为构建城市大气质量管理的长效机制提供了宝贵经验。

（1）加强重点治理。北京从申奥成功开始就紧紧围绕奥运期间空气质量保障，针对煤烟型污染、机动车污染和工业污染等主要重点污染源，实施了 160 多项严格的控制措施。上海制定"迎世博综合治理 600 天行动计划"，重点加强颗粒物、燃煤排放、汽车尾气、扬尘等污染物的治理和控制。

（2）加强周边联动。经国务院批准，北京联合原环保总局、天津、河北、山西、内蒙古及山东成立了"奥运空气质量保障工作协调小组"，共同应对大气污染问题。上海牵头启动了"2010 年上海世博会长三角区域环境空气质量保障联防联控措施"，划定了以世博园区为核心的重点防控区域，加强区域合作。

（3）加强监测预报。北京建成了 27 个技术领先、覆盖各区县的空气质量监测子站，每日对主要大气污染物进行监测，并向社会公布监测信息。上海按照国家要求建立监测体系，加强大气污染监测并及时发布信息。

（4）制定应急预案。奥运会前夕，北京出现了持续高温、高湿等不利气象条件，协调小组果断启动应急监管预案，对重点排放企业，采取更严格的"关、停、限"临时控制措施。

专栏 3-9　城市空气质量管理的应急措施——以"APEC 蓝"为例

2014 年亚太经合组织会议于 11 月 5 日至 11 月 11 日在北京召开，为保障 APEC 会议期间空气质量，北京市先后制定了《2014 年亚太经合组织会议北京市空气质量保障方案》和"停车"、"停限产"、"停工"等 10 个分方案，全市各部门协同联动，共同部署，力保 APEC 会议期间空气质量。由于客观上污染控制措施环境效益的发挥需要一定时间，措施需提前实施才有效果，北京市政府将 APEC 会议期间空气质量保障措施的实施时间提前 2 天开始实施。

会议期间大气污染物排放重点企业停产或限产。北京市经济信息化委制定出台了"会议期间大气污染物排放重点企业停产限产方案"，明确了全市 69 家停产和 72 家限产企业的名单及要求。

本市和外埠进京机动车采取临时交通管理。北京市交通委牵头制定了"对本市和外埠进京机动车采取临时交通管理措施的通告"，采取全市机动车单双号行驶，机关和市属企事业单位停驶 70%公车，对渣土运输、货运车辆以及外埠进京车辆实施管控等措施。

加强会期施工现场扬尘管理工作。北京市住房城乡建设委制定下发了"做好会期阶段施工现场扬尘管理工作的通知"，全市所有施工工地停止土石方、拆除、石材切割、渣土运输、喷涂粉刷等扬尘作业工序，五环路内和怀柔区还进一步停止所有混凝土振捣及搅拌、结构浇筑等作业。城管执法部门也在会议期间加强对工地施工扬尘控制情况的执法检查，对扬尘污染违法行为予以严厉打击。

按国际惯例全市调休放假。北京市政府制定发布了"APEC 会议期间调休放假的通告"。在京中央和国家以及北京市机关、事业单位和社会团体，11 月 7 日至 11 月 12 日调休放假，共 6 天，其他企业等根据情况自行安排。会议期间调休放假形成 6 天小长假，促进了市民外出旅游，可降低本市社会活动强度，有利于改善空气质量。

此外，在"以北京地区为主、兄弟省（区、市）积极联动、会前会期共保、方案启动时间统一"的污染减排策略指导下，津、冀、晋、蒙、鲁、豫等 6 省（区、市）也积极联动、共同治污。如天津实施燃煤锅炉清洁能源改造，调整搬迁污染企业，控制施工扬尘；河北压减钢铁、水泥、玻璃等重污染行业产能，推进锅炉煤改气和黄标车淘汰，特别是从 11 月 8 日起，河北再次升级减排措施，燃煤电厂限产减排 50%，钢铁、水泥等全部停产；山西加大淘汰焦炭、小火电等重污染行业产能力度，实施燃煤电厂除尘、水泥厂脱硝等高效治理工程等。

自 2014 年 11 月 2 日以来，北京的雾霾一扫而空，天蓝得让人"不敢相信"。据北京市环保局数据，会议期间，北京空气质量保持良好，$PM_{2.5}$ 浓度同比下降 55%，京津冀及周边地区 $PM_{2.5}$ 浓度同比平均下降 34%，主要污染物排放量同比平均降低 40%~60%。人们将因为 APEC 会议实行严格环保措施而带来的蓝天称为"APEC 蓝"。尽管"APEC 蓝"是临时性管控下实现的，却让人们意识到雾霾是可控、可治的。环保部要求，"固化推广 APEC 会议空气质量保障的成功经验，让群众不断看到治霾新成效，切实把'APEC 蓝'留下来。"（北京市环保局，2014）

> **专栏 3-10 兰州的大气污染治理**
>
> 受两山夹一河、冬季风速小和产业结构以重化工为主的影响，大气污染成为兰州久治不愈的顽疾。面对这一危害民生的"心肺之患"，2012年5月，环保部与甘肃省签订部省合作协议，将兰州列为全国大气污染治理试点城市和区域联防联控重点防治城市。
>
> 根据污染结构，兰州确定了环境立法、工业减排、燃煤减量、机动车尾气达标、扬尘管控、林业生态、清新空气和环境监管能力提升等八大治污工程，实施了916个项目。其中，工业污染治理重点实施"出城入园"、落后产能淘汰等444个项目；燃煤污染治理重点实施燃煤锅炉改造等455个项目；扬尘污染治理重点实施机械化清扫、挥发性有机物治理等10个项目；机动车尾气治理重点实施黄标车淘汰、空气监测子站建设等7个项目。
>
> 为确保大气污染治理措施落地，兰州全民参与，实施网格管理，全市被划分为1 482个网格，实行市、区、街道三级领导包抓，网格长、网格员、巡查员、监督员"一长三员"的制度，把区域内所有企业、主次干道、背街小巷、公共场所、居民小区等全部纳入大气污染治理网格管理，实行逐级负责、分级办理，使顶层设计的"最先一公里"和具体落实的"最后一公里"结合起来。通过治理，大气环境质量不断改善，监测结果显示，兰州成为全国环境空气质量改善最快的城市，摘掉了多年来"世界上大气污染最严重城市之一"的"黑帽子"。

第四节　城市空气质量管理的主要措施

防治大气污染是一项复杂的系统工程，需要进行综合治理。需要各级政府加强统筹协调，建立完善的城市空气质量管理系统，细化部门职责，形成有关部门齐抓共管的工作机制。地方各级政府要切实对本辖区的大气环境质量负责，建立健全目标责任制，加大督察考核力度，严格执行奖惩措施。

一、加强工业企业综合治理，减少污染物排放

全面整治燃煤小锅炉。加快推进集中供热、"煤改气"、"煤改电"工程建设，在供热供气管网不能覆盖的地区，改用电、新能源或洁净煤，推广应用高效节能环保型锅炉。在化工、造纸、印染、制革、制药等产业集聚区，通过集中建设热电联产机组逐步淘汰分散燃煤锅炉。

加快重点行业脱硫、脱硝、除尘改造工程建设。所有燃煤电厂、钢铁企业的烧结机和球团生产设备、石油炼制企业的催化裂化装置、有色金属冶炼企业生产设备都要安装脱硫

设施，每小时 20 蒸吨及以上的燃煤锅炉要实施脱硫。除循环流化床锅炉以外的燃煤机组均应安装脱硝设施，新型干法水泥窑要实施低氮燃烧技术改造并安装脱硝设施。燃煤锅炉和工业窑炉现有除尘设施要实施升级改造。

推进挥发性有机物污染治理。在石化、有机化工、表面涂装、包装印刷等行业实施挥发性有机物综合整治，在石化行业开展"泄漏检测与修复"技术改造。限时完成加油站、储油库、油罐车的油气回收治理，在原油成品油码头积极开展油气回收治理。完善涂料、胶黏剂等产品挥发性有机物限值标准，推广使用水性涂料，鼓励生产、销售和使用低毒、低挥发性有机溶剂。

二、优化产业和能源结构，推动产业转型升级

严控"两高"行业新增产能。修订高耗能、高污染和资源性行业准入条件，明确资源能源节约和污染物排放等指标。有条件的地区要制定符合当地功能定位、严于国家要求的产业准入目录。严格控制"两高"行业的新、改、扩建项目，实行产能等量或减量置换。

强化节能环保指标约束。提高节能环保准入门槛，健全重点行业准入条件，公布符合准入条件的企业名单并实施动态管理。严格实施污染物排放总量控制，建设项目环境影响评价时，把企业二氧化硫、氮氧化物、烟粉尘和挥发性有机物的排放纳入总量控制，并作为审批的前置条件。

加快淘汰落后产能。结合产业发展实际和环境质量状况，进一步提高环保、能耗、安全、质量等标准，分区域明确落后产能淘汰任务，倒逼区域产业的转型升级。

压缩过剩产能。加大环保能耗安全的执法处罚力度，建立以节能环保标准促进"两高"行业过剩产能退出的机制。制定财政、土地、金融等扶持政策，支持产能过剩"两高"行业企业退出、转型发展。发挥优强企业对行业发展的主导作用，通过跨地区、跨所有制企业兼并重组，推动过剩产能压缩。严禁产能严重过剩行业新增产能项目。

控制城市煤炭消费总量。对煤炭消费总量实行目标责任管理，并制定分步实施的长期控制目标。对于东部缺少本地煤炭资源的城市，通过逐步提高区外输电比例、增加天然气供应、加大非化石能源利用强度等措施，减少燃煤消费量。

三、优化功能和布局规划，强化移动源污染防治

加强城市交通管理。优化城市功能和布局规划，推广智能交通管理，缓解城市交通拥堵。实施公交优先战略，提高公共交通出行比例，加强步行、自行车交通系统建设。根据城市发展规划，合理控制机动车保有量，北京、上海、广州等特大城市要严格限制机动车保有量。通过鼓励绿色出行、增加机动车使用成本等措施，降低机动车使用强度。

专栏 3-11 "草上飞"的南京有轨电车

现代有轨电车是在传统有轨电车的基础上发展而来的一种新型交通方式，属于中低运量的城市轨道交通系统，相对于地铁和轻轨，其造价更加便宜，相对于传统公交，其运能和舒适度较高、能耗和污染也较小，因此，被视为一种介于常规公交和大运量轨道交通之间的中低运量轨道交通系统。

南京河西有轨电车线路全长 7.76 km，大都位于路中央中分带的绿岛内，对开的两条长长的铁轨并排而行，地面没有任何凸起，不会对其他车辆行驶造成影响。与老式有轨电车不同，河西有轨电车每停靠一站都会升起一根"辫子"，利用车站的接触网为超级电容充电，车辆启动时"辫子"同步收回，从而解决了线路"蜘蛛网"对城市景观的影响。

由于轨道与绿化带的巧妙融合，不仅大大降低了对土地资源的占用，也有效地降低了噪声污染。在铺满绿色草坪的线路上，不时风驰电掣而过的有轨电车也成为了南京的一道新的城市风景线。在相同运力的条件下，与公共交通（公路）相比，现代有轨电车系统能够有效地降低城市尾气排放，对改善城市的空气环境有着显著成效。

加快油品质量升级。汽车尾气污染物以含硫排放物为主，油品标准越高，所含硫就越少。加快国内炼油企业升级改造，确保如期供应合格油品。

加快淘汰"黄标车"和老旧车辆。采取划定禁行区域、经济补偿等方式，逐步淘汰"黄标车"和老旧车辆。加快推进低速汽车升级换代。不断提高低速汽车（三轮汽车、低速货车）节能环保要求，减少污染排放，促进相关产业和产品技术升级换代。发展电动汽车，虽然减少了传统汽车的尾气排放，但电动车并不等于绿色环保。相对于传统汽车，电动车本身可能是环保的，但为电动汽车提供各种服务的上下游企业，污染程度甚至超过传统汽车供应商。从生命周期角度出发，提高汽车环保性是未来研究的重点。

专栏 3-12 电动车是绿色环保汽车吗

电动车曾被赋予绿色标兵之称，或者说这是电动车制造商希望大众相信的事情。但是，一份有关汽车排放生命周期的报告分析，却得出截然不同的结论。

汽油车的能源消耗包括原油开采、运输、提炼和成品油的运输、分配和使用六个环节；电动车的能源消耗包括化石燃料的开采、加工（如炼油）、转换（如发电）、输配及使用。汽油车就地排放污染物，污染物排放在人口稠密的地区；电动车异地排放污染物，污染物排放在人烟稀少的郊区或农村。如果仅考虑汽车本身排放的污染物，电动车明显优于汽油车。如图 3-15 所示，如果从生命周期考虑，这两类车的污染物排放有一定的差别：汽油车的一氧化碳和碳氢化合物高于电动车，二氧化硫和颗粒物的排放低于电动车。

电动车多采用或风险铅蓄电池。在电池生产、回收和再利用过程中，存在镉污染和诱发居民血铅超标等危害。电池寿命一般为两年。我国正规有组织的电池回收率不到30%，大多数电池都是由社会"自有消耗"，如回收拆解环节存在严重的电池"倒酸"、大量废酸流向不明等问题，给环境留下了极大的风险隐患。此外，大部分的中小型铅酸电池企业，在生产过程中会产生大量的铅烟、铅尘、硫酸雾和污水，生产设备不先进、污染物处理不达标现象突出，直接造成环境污染和健康风险。

绿色环保电动车是否真正"绿色"，主要取决于充电来源。若电由清洁方式产生，则要比依赖内燃机的汽车更清洁，但若本身发电方式就产生污染，则清洁性就很难说。在法国，一半的电力来自核电，那么电动车对其来说是一个不错的选择。而在中国，人们虽热衷于电动车，但中国 80% 的电力来自燃煤发电，电动车的"清洁性"就不言而喻了。在煤电占绝对份额的中国，原本可能做到零排放的纯电动车失去了节能减排的意义。且不说，还没有算上电池在生产和废弃后的高污染以及安全方面的高风险。可见，机动车减排不能依靠纯电动车推广。混合动力作为汽车节能减排最现实最成熟的途径，应该加快推广和普及应用（钟发平，2014）。

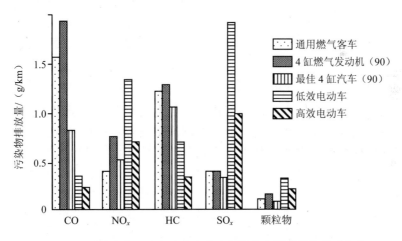

图 3-15 燃油汽车和电力汽车全生命周期中主要排放物的对比图
资料来源：张坤民. 可持续发展论. 北京：中国环境科学出版社，1999。

四、建立区域协作机制，统筹区域大气环境治理

建立区域协作机制。由于大气具有高度的流动性特征，大气环境治理不可能仅仅依靠单个城市的治理，必须建立区域合作的机制，协同治理。目前京津冀区域已建立了大气污染防治协作机制，由区域内省级人民政府和国务院有关部门参加，协调解决区域突出环境问题，组织实施环评会商、联合执法、信息共享、预警应急等大气污染防治措施，通报区域大气污染防治工作进展，研究确定阶段性工作要求、工作重点和主要任务。

分解目标任务。通过国务院和各级地方政府把大气污染防治目标分解落实到各地和各城市，并进一步细化到企业。将重点区域的细颗粒物指标、非重点地区的可吸入颗粒物指标作为经济社会发展的约束性指标，构建以环境质量改善为核心的目标责任考核体系。

五、建立监测预警体系，加强城市空气质量综合管理

建设城乡一体的自动化空气监测网络，开展城市大气环境综合监测。整合国家大气背景监测网、农村监测网、酸沉降监测网、沙尘天气对大气环境影响监测网、温室气体试验监测等信息资源（环境保护部，2012）。

编制城市全口径污染物排放清单，建设城市空气质量信息管理系统和公共信息发布平台。制定空气质量、容量预警标准和等级、开发区域空气质量数值预报模型[①]，建立"环境质量-排放总量-排放源经济变量"的分析预测模型，为管理政策制定和预警应急决策提供技术支持。

建立监测预警应急联动体系。环保部门与气象部门建立重污染大气联合监测与会商研判机制。做好重污染天气过程的趋势分析，提高监测预警的准确度，及时发布监测预警信息。

制定完善应急预案。空气质量未达到规定标准的城市应制定和完善重污染天气应急预案并向社会公布；将重污染天气应急响应纳入地方政府突发事件应急管理体系，实行政府主要负责人负责制，落实责任主体，明确应急组织机构及其职责、预警预报及响应程序、应急处置及保障措施等内容，按不同污染等级对特定区域的企事业单位采取限产停产、机动车和扬尘管控、中小学校停课以及可行的气象干预等应对措施。

---

① a. 排放清单是空气质量系统管理极其重要的组成部分。城市空气排放清单是城市地区污染源的位置、类型以及规定时期内每种污染物排放量的目录表。只有明确了解空气污染源的性质、强度和分布，才能有针对性地提出减排控制措施。
b. 数值预报模型的功能是预测一定时期内污染水平的变化趋势，确定污染热点。模型能够填补监测站之间的空白，还能预测因排放源和排放率变化所导致的浓度变化。[英]德利克·埃尔森（Derek Elsom）. 田学文，等译. 烟雾警报——城市空气质量管理[M]. 北京：科学出版社，1999.

专栏 3-13 韩国的城市空气质量预警机制

首尔为解决 $PM_{2.5}$ 问题采取了很多应对措施，预警机制即是其中之一。2013 年 11 月 29 日起，首尔启动"超微尘（$PM_{2.5}$）预警预备阶段"提示服务，如果超微尘浓度达到 $60 \, \mu g/m^3$ 以上且持续两个小时，有关部门会通过首尔市大气环境信息网站、电子屏幕、短信服务等提示市民现在为"超微尘预警预备阶段"，在超微尘浓度降到 $45 \, \mu g/m^3$ 以下时解除相关警报。

2013 年 12 月 5 日下午 4 时，首尔市政府发布了有史以来的首次超微尘预警。直径不到 $2.5 \, \mu m$ 的超微尘（$PM_{2.5}$）浓度达到 $93 \, \mu g/m^3$，远高于发布预警基准的 $85 \, \mu g/m^3$。首尔市政府提醒市民，患有呼吸道和心血管疾病的市民，尤其是儿童和老人尽量避免外出，若不得不外出时，应戴上防尘口罩。实时大气信息可在首尔市气象部门的主页上查询，市民还可申请短信服务获得相关气象信息（人民网，2013）。

六、增加城镇绿色空间，恢复城市生态系统的自然功能

优化城市绿地系统的结构，增强绿地系统的降温增湿、涵养水源、吸烟滞尘、净化空气、降低噪声等生态服务功能。通过渗水地面铺装；改造停车场和广场，提高城市透水地面比例，增加城市水系的自然补给。保证城市水系的最小生态径流和水体流动性。特别是恢复城市水系两岸的湿地系统，增强城市面源径流的截污净化功能。合理布局和配置建筑，加强城市通风廊道设计和绿地空间，增强大气污染扩散能力和减缓市区热岛效应。

专栏 3-14 绿地系统的综合生态功能

绿地生态系统作为具有自净功能的城市基础设施，在改善环境和空气质量、维护城市生态平衡方面起着十分重要的作用。林荫大道、屋顶绿化、乔灌草及攀援植物的立体绿化等综合绿化系统具有多种生态作用：改善空气质量、吸收二氧化碳、节约能源（使邻近的建筑减少取暖和降温需求）、减轻城市热岛效应、减小暴雨径流等。例如，靠近建筑的遮荫树木吸收的二氧化碳要比在森林里的树多 10 倍。以洛杉矶为例，种树、浅色屋顶和道路材料的改造，使城市的温度下降了 5℃，每年减少的空调费用达 1.5 亿美元；同时，还减少了 10% 的烟雾，相当于将洛杉矶道路上的车辆减少了 3/4（Romm，1999）。南京市的研究表明草地虽然没有明显的增湿作用但具有显著的降温效果，草地 3 天日平均温度比水泥地低 6℃；绿化率较高的街道和居民区比未绿化的街道和居民区温度分别低 1.2℃ 和 1.9℃。每公顷柳杉林每天能吸收 60kg 的二氧化硫。煤烟经过林地后其中 60% 的二氧化硫被阻留（骆天庆等，2008）。一般认为当一个区域绿化覆盖率达到 30% 时，热岛强度开始出现较明显的减弱；绿化覆盖率大于 50%，热岛的缓解现象极其明显。

专栏 3-15　城市通风廊道

近年来，城市热岛效应的日益加剧，雾霾等空气污染问题频发，为了应对这些严峻挑战，一些城市管理者和研究人员提出，充分利用城市内外的大气温差和气压差，通过优化城市的空间布局，控制建筑高度和密度，科学规划城市通风廊道（即风道），在城市中形成"穿堂风"，以增强城市中空气的流动性，加速城市热量与污染物的扩散，从而减缓城市热岛效应和污染效应，改善城市空气质量。

城市通风廊道的设计就是从气候学与生态学的角度出发，充分利用风的流体特性，在城市建成区规划预留通风廊道和风道口，把郊区新鲜洁净的空气导入城市，并将城市中受到污染的空气或热量随风排出并快速稀释，使城市大气实现良性循环。城市风道规划是利用城市自然气象条件改善城市大气环境的一种节能的生态规划模式。

城市通风廊道大多利用山体林地、河谷水道、湿地、绿地等自然条件，宽度有的是三四公里，有的是一两公里，长度基本都在数十公里。因此"风道"的建设可以加强城市绿地、水面等生态红线的保护，维护城市的绿色空间和生态安全格局。但是当城市大气处于无风的静稳状态时，即使有风道也无法缓解城市的大气污染，治理大气污染，根本还是要治理污染源。

城市风道的规划建设主要通过以下几个方面来实现。

一是依托城市所在区域的地形地貌和气候条件，充分运用自然山体、水体、开敞空间等要素，使风和水汽通过"空中走廊"进入城市；

二是控制城市上风向的建筑高度和密度，防止因建筑过高和过密对风形成阻挡导致热量和温室气体在城区的滞留；

三是提高重点区域的绿化覆盖率和降低建筑密度；

四是合理安排建筑间距，促进市区与郊区的空气流通；

五是优化居住小区建筑的布置形式（错位布局优于行列式，点式和条式结合优于单一平面布局），以便形成良好的通风环境。

在实际操作层面，不同城市因自身所处的生态环境与地理条件不同，所采取的风道规划与建设策略也不尽相同。

斯图加特是德国一个内陆山谷盆地型工业城市，该市常年风速微弱，一年中约有 2/3 的时间存在"逆温层"现象，大气中的有害气体和污染物浓度经常达到污染临界值。为了改善这一现状，当地相关部门研究后认为城市西南部丘陵地区对大气循环有重大影响，利用常年微弱季风带动丘陵区干净的空气进入市区是更替市区空气的唯一方法。因此在丘陵外部边缘布局了放射状的城市森林系统，面积达 4 949 hm^2。并建设了一条长达 8 km，面积为 200 hm^2 的风道，把斯图加特市的皇宫广场、皇宫公园、玫瑰石公园、和平花园、高地公园整合到整个绿色网络中，由于生态通风廊道规划选线合理，成效显著。原本环境恶劣的城市已成为全世界污染防治的模范城市。

日本旭川市位于北海道中部的上川盆地。该市被山峦环绕,全年的风力较弱,空气质量恶化成了阻碍城市发展的主要问题。针对以上情况,旭川市相关部门实施了风道计划。首先利用绿化带分割热岛,将市区内的神乐冈、常磐公园作为较大的冷空气生成区,整合市内较小的城市街头绿地、花园等作为冷空气的有效补充区。但仅靠集中绿地的调节并不能有效缓解热岛效应。旭川市还进一步实施了街区内河流和周围绿化的连接工程。拆除阻挡通风廊道的大型障碍物,保证风道的畅通无阻。

参考文献

Akbari H,Rosenfeld A,Taha H. Recent developments in heat island studies technical and policy. Proceedings of the Workshop on Urban Heat Islands[J]. Berkeley,1989:23-24.

Romm J J. Cool Companies:How The Best Companies Boost Profits and Productivity by Cutting Greenhouse Gas Emissions[M].London,Earthscan,1999:10.

Yamamoto Y. Measures to mitigate urban heat islands[J].Science & Technology Trends Quarterly Review,2006(1):65-83.

北京市环保局. 本市各部门全力保障 APEC 会议期间空气质量[OL].2014-10-31. http://zhengwu.beijing.gov.cn/zfjd/hj/t1371578.htm.

北京市环境保护局. 敢于担当,攻坚克难,凝聚改善空气质量合力[N]. 中国环境报,2015-01-19(2).

大智慧. VOCs 治理将成今年大气治污重头戏,聚光科技等抢占先机[OL]. 2015-01-20. http://www.gw.com.cn/news/news/2015/0120/200000406700.shtml.

德利克・埃尔森(Derek Elsom). 田学文,等译. 烟雾警报——城市空气质量管理[M]. 北京:科学出版社,1999.

董璐璐. 基于可持续发展的我国石油安全与评价研究[D]. 中国石油大学,2009.

冯相昭. 城市交通温室气体减排的战略研究[M]. 北京:气象出版社,2010:132-133.

顾向荣. 伦敦综合治理城市大气污染的举措[J]. 北京规划建设,2000(2).

韩洁,高立. PM$_{2.5}$ 来源:北京的车/天津的油/河北的煤[OL]. 2013-10-15. http://auto.gasgoo.com/News/2013/10/1509370037060261255890.shtml.

杭州市环境保护局. 不容忽视的城市"热岛效应",危害着我们的健康[OL]. 2008-02-20. http://www.syqsng.cn/html/lszj/sttyview/20080220136495.html?jdfwkey=qdgv32.

侯佳儒,王倩. 美国加州大气污染防治经历[J]. 环境教育,2014(4).

环境保护部. 2013 年中国机动车污染防治年报[R]. 2014-01-27.

环境保护部. 关于加强环境空气质量监测能力建设的意见[R]. 2012(33).

环境保护部科技标准司. PM$_{2.5}$ 污染防治知识问答[M]. 北京:中国环境科学出版社,2013.

梁越,唐星华,刘小真. 大气中持久性有机污染物(POPs)研究进展[J]. 江西科学,2009(4):162-166.

刘植荣. 细说伦敦交通拥堵费[N]. 羊城晚报,2013-09-07(B5).

骆天庆，王敏，戴代新. 现代生态规划设计的基本理论与方法[M]. 北京：中国建筑工业出版社，2008：23.

平措. 我国城市大气污染现状及综合防治对策[J]. 环境科学与管理，2006（1）：18-21.

人民网. 北京 PM$_{2.5}$ 浓度呈现"南北差异"京津冀协同治污是关键[OL]. 2015-01-04. http://news.cnfol.com/diqucaijing/20150104/19836601.shtml.

人民网. 韩国首尔市将启动"PM$_{2.5}$ 预警预备阶段"提示服务[OL].2013-11-25. http://world.huanqiu.com/regions/2013-11/4599183.html.

人民网. 社科院气象局发报告：雾霾会影响生殖能力[OL].2013-11-05. http://news.sohu.com/20131105/n389555279.shtml.

人民网. 中国 10 大城市汽车保有量排名，西安没上榜[OL]. 2014-05-08. http://auto.people.com.cn/n/2014/0508/c1005-24990565.html.

宋晓旭，王祖伟，胡晓芳. 多介质中持久性有机污染物研究进展[J]. 北方环境，2012（4）：135-139.

宋永昌，由文辉，王祥荣. 城市生态学[M]. 上海：华东师范大学出版社，2000.

宋玉丽. 2014 年大气治理产业政策及市场年度盘点[OL]. 2015-01-07. http://huanbao.bjx.com.cn/news/20150107/579776-2.shtml.

孙国金. 机动车排放 PM$_{2.5}$ 和 NO$_x$ 的特征与减排对策[D]. 浙江大学，2013.

佟小宁，乔月珍，姚双双，等. 南京市建筑扬尘排放清单研究[J]. 环境监测管理与技术，2014（3）：21-24.

王蒲生. 轿车交通批判[M]. 北京：清华大学出版社，2001：53-55.

王书肖，张磊. 我国人为大气汞排放的环境影响及控制对策[J]. 环境保护，2013，41（9）.

王学军，何炳光. 清洁生产概论[M]. 北京：中国检察出版社，2000：4-5.

向空气污染宣战：京津冀地区的策略探讨[N]. 南方都市报，2014-08-03.

新华网. 中国地下水监测点较差和极差水质比例为 59.6%.[OL] 2014-06-04. http://news.xinhuanet.com/live/2014-06/04/c_1110980565.htm.

雪梅，张友静，黄浩. 城市热场与绿地景观相关性定量分析[J]. 国土资源遥感，2005（3）：10-13.

杨晓波，杨旭峰，李新. 国内外环境空气质量标准对比分析[J]. 环保科技，2013（5）.

杨新兴，冯丽华，尉鹏. 汽车尾气污染及其危害[J]. 前沿科学，2012（23）.

尹力军. 我国城市扬尘污染现状及对策分析[J]. 唐山师范学院学报，2009（2）.

应瑛，杜伟杰. 国内外大气污染治理的典型做法及启示[J]. 浙江经济，2013（15）.

张继娟，魏世强. 我国城市大气污染现状与特点[J]. 四川环境，2006（3）.

赵红斌，刘晖. 盆地城市通风廊道营建方法研究——以西安市为例[J]. 中国园林，2014，11

钟发平. 纯电动车背后的真相，不节能也不减排[OL]. 2014-03-14. http://news.dahe.cn/2014/03-14/102685682.html.

周淑贞，束炯. 城市气候学[M]. 北京：气象出版社，1994：618.

朱亚斓，余莉莉，丁绍刚. 城市通风道在改善城市环境中的运用[J]. 城市发展研究，2008，15（1）.

第四章　城市水环境管理[①]

　　水是生命之源、生产之要、生态之基。水资源时空分布极不均匀、水旱灾害频发，自古以来是我国基本国情。当前，我国水安全呈现出新老问题相互交织的严峻形势，特别是水资源短缺、水生态破坏、水环境污染等新问题突出。水已经成为我国严重短缺的产品、制约环境质量的主要因素、经济社会发展面临的严重安全问题。面对水安全的严峻形势，必须树立人口经济与资源环境相均衡的原则，加强需求管理。2014 年 3 月，习近平总书记对保障水安全作出"以水定城、以水定地、以水定人、以水定产"的重要指示，提出"节水优先，空间均衡，系统治理，两手发力"16 字治水方针，指明了新时期的治水新思路。水环境治理是生态文明城市建设的起航点、推进器和风向标（张华平，2008），是建设美丽中国的资源环境基础。生态文明导向下的城市水环境建设，必须把水资源、水生态、水环境承载能力作为刚性约束，重视水资源的循环性、效率性、可持续性，强调水环境治理与社会发展的和谐性及平衡性。

第一节　城市水生态服务功能

　　城市是人口和产业高度集中的区域，城市的发展需要水资源的保障，需要大量的安全饮用水以及生活、生产用水。城市是人工改造的自然环境，水是城市生态环境的控制性要素，也是自然生态系统的稳定器和调节器。良好的水环境、水生态是城市活力的象征，更是城市持续发展的重要条件。

　　城市水系是社会—经济—自然复合的生态系统。城市水生态系统服务功能是指水生态系统及其生态过程所形成及所维持的人类赖以生存的生态环境条件与效用，包括社会经济服务功能与自然生态服务功能两个方面。

　　城市水生态系统社会经济服务功能主要包括以下方面：一是供水功能。人类生存所需要的淡水资源主要来自河流、湖泊和地下水生态系统，用于生活饮用、工业用水、农业灌溉和城市生态环境用水等。二是水产品生产功能。具有水生生物生产力是水生态系统显著特征之一，为人类的生产、生活提供原材料和食品，为动物提供饲料。三是水力发电功能。水能是世界公认的目前最具备规模发展的清洁可再生能源，而水力发电是该能源的有效转

[①] 本章作者：李蓓蓓。

换形式。四是内陆航运功能。与铁路、公路、航空等其他运输方式相比，内陆航运具有成本效益高、能耗低、污染轻、运输量大等优点。五是景观娱乐功能。水的天然属性和城市的特殊地理位置造成了形色各异的水景观，为人类提供了重要的景观娱乐载体。城市水域集中体现了城市深厚的文化底蕴和丰富的物质文明。六是文化美学功能。水文化是城市文化的特殊形态，城市水体的景观性建设、临水而居的情结体现了城市居民对水文化建设的重视，也是人们惜水节水意识的体现。

城市水生态系统自然生态服务功能主要包括以下方面：一是气候调节功能。水本身具有较大的比热，是热量的缓慢导体，夏天可以吸热减缓城市热岛效应，冬天可以释放出热量，提升周边环境温度，对城市局地气候的温湿度具有明显的调节作用。二是生物多样性保护功能。作为万物生命之源，水是城市动植物不可或缺的重要资源，也是部分动植物的重要栖息地。三是净化功能。自然水体具有很强的自净功能，一些特殊水体环境（如湿地等）对城市污染物具有很好的净化作用，对城市水体和空气质量也有明显的改善作用。四是调蓄雨洪功能。湖泊、湿地等具有蓄洪能力，对雨洪起到重要的调节作用，可以削减洪峰、滞后洪水过程，从而均化洪水，减少风险。地表水系的空间分布对雨洪控制具有较大影响。同样的地表水面面积，是集中式的分布还是分散式的分布，水系间距是多少，都会决定城市地表水系对暴雨地表积水的缓解效果。

专栏 4-1　生态需水

水资源短缺和水环境恶化已经成为我国很多城市面临的严峻挑战，华北地区城市的地下水枯竭与南方城市的水质性缺水最为典型。水已经成为影响城市生态系统稳定的关键因素。1996 年，Gleick 明确给出基本生态需水的概念，即提供一定质量和一定数量的水给自然环境，以求最少改变自然生态系统的过程，并保证物种多样性和生态完整性。2001 年钱正英等在《中国可持续发展水资源战略研究综合报告及各专题报告》中提出，狭义的生态环境需水是指维持生态环境不再恶化，并逐渐改善所需要消耗的水资源总量。生态需水的估算与调控已经被广泛应用于水域、陆地、城市等诸多生态系统的管理中（崔瑛等，2012）。

第二节　城市的水问题

水是生命之源，也是城市的命脉。城镇化快速发展中，暴雨洪涝、水质恶化、水资源短缺、水生态系统破坏等城市水问题突出，已经成为城市发展的主要制约因素。我国地处季风区，水旱灾害频发，沿海和江河湖泊沿岸城市容易受到洪涝、台风、海潮等水患灾害的威胁。随着城市快速扩张，硬化地面的剧增，严重破坏了地表的自然水调节能力，表现为城市内涝问题日益凸显。另外，城市生活与生产的水源不断遭受污染，有毒有害以及危险物质的排放和泄漏事件屡见不鲜，城市取水和排污以及区域协调均成为迫在眉睫的问题。水的问题也会影响到其他领域，我国东部的大江大河是重要的运输通道，受到水资源枯竭和河道淤积的困扰，运输功能逐渐下降甚至丧失，降低了城市的交通区位优势。

一、洪涝水患

洪涝灾害是当前我国城市面临的最主要自然灾害之一。近年来，我国城市不断发生暴雨洪灾，导致城市出现严重内涝，直接影响了城市居民的生活并造成很大的经济损失，甚至人员伤亡。

城市的洪水风险。自古以来人们选择居所时倾向于依水、傍水，一方面保证了农业生产和生活便利，另一方面也有利于交通运输。由此许多城市多建立在江河湖泊沿岸，中纬度的沿海地区，尤其是大江大河的入海口地区，往往发展成为世界上城市最为密集和经济最发达的区域。从微观角度看，临水城市一般处于河流的阶地之上，城市容易遭受到洪水的侵袭，尤其是处于河流中下游的城市，地形较为和缓，河流阶地高差不大，中下游汇流集聚容易加大洪峰，这些因素均增加了城市的受灾风险。

城市的内涝威胁。城市的内涝风险来源于降水和排水两个方面，随着城市规模的扩大，城市雨岛效应日益明显，局部性高强度降水增多。另一个更为重要的原因，快速城镇化进程中，土地利用被强烈改造，使得地区自然生态系统蓄洪和泄洪能力大打折扣，加剧了城市内涝的发生概率。传统的城市规划和土地利用缺乏对城市水生态系统的综合协调，无法兼顾水环境保护、水景观营造和城市生态系统健康维护的多重目标，加剧了城市的内涝风险。导致城市内涝多发的原因主要有：①路面硬化指数过高，窨井过少；②污水管与雨水管未完全分开；③城市排水管道管径过小；④城市天然蓄水池过少。由于不透水地面和水系干渠化工程的不断增加，显著改变了城市自然水文循环过程，由此造成了城市内涝频发，在城市的天然低洼地区以及人工修建的低洼地段，往往逢雨必淹。

洪涝的次生问题。城市的洪水过程不仅流量大，通常也会改变水的正常流动规律，从而影响到城区以及下游河流的水环境。洪水过程往往把城市道路、工厂、工地或是角落里的废弃物或是污染物带入水体，对城市地下水水质以及下游的河流湖泊水质带来巨大的风险，甚至是巨大的环境灾难。2013 年，长江上游以及三峡区间出现强降雨天气。长江洪水带来大量生活垃圾，聚集在三峡水库形成长约数百米的漂浮垃圾带，水污染严重。

二、水质污染

随着人口增长、工业化和城镇化进程的推进，人类的生活和生产活动产生的污染物质越来越多。大量未经有效处理的工业废水、生活污水直接排入城市河道、湖泊等，造成严重的水体污染，河湖富营养化和河道黑臭已经是我国城市水体的普遍现象。据调查，在监测的 138 个流经城市河段中，符合Ⅱ、Ⅲ类水质标准的仅占 23%，符合Ⅳ类水质标准的占 19%，符合 V 类水质标准的有 20%，超 V 类水质标准的达 38%；90% 流经城市河段的水体不符合饮用水水源标准；75%的城市湖泊水域富营养化；50%的城市地下水受到严重污染（马良，2014）。从来源上来看，可以把城市的水体污染分为内部污染和过境污染。

城市内部水污染。主要来源于城市内部对河湖水体的污染。工业污水和医疗废水有着严格的排放控制标准，但是部分城市污水处理能力、传输能力与城镇扩建规模不成比例，污水处理能力不足或是监管不力，导致部分污水直排入河。部分处理后的外排废水浓度或废水总体偏高，水体污染负荷较大。一些沿街商铺、部分餐饮污水与机动车清洗污水并没有与排污管网连接，通过道路雨水管网直接向河中排入含有大量油污及含酸、碱的废水，造成河道水质严重富营养化。城市快速扩张过程中，城市与乡村边界日益模糊，城郊农村生活污水、垃圾处理设施严重滞后。部分乡村污水直排入天然水体，工业废水和生活污水乱排、偷排等现象，加剧了城市内部的水体污染。

城市过境水污染。沿江、沿河分布是我国城市区位布局的典型特征之一。随着城市规模扩展，城镇人口、经济密度的增大，一些河段取水口与排污口交错分布，上游城镇的取水口与下游城镇的取水口相邻，上游城市的污水排放对下游城市的水环境具有明显的影响作用。上游城镇一旦出现排污事故，也增大了下游城镇的应急难度。此外，一些沿岸城市仍存在着偷排漏排、不正常运行污染治理设施等不法行为，给下游城市带来很大的水质污染风险和压力。大江大河的上游地区通常位于我国中西部，部分企业的技术工艺落后，"跑、冒、滴、漏"等现象仍不同程度的存在，由此带来了更大区域范围的水环境风险。

专栏 4-2 《水污染防治行动计划》（即"水十条"）

2014 年 2 月，环保部部长周生贤指出，要全面实施《水污染防治行动计划》（简称"水十条"），以贯彻落实党中央、国务院关于生态文明建设和环境保护的新要求、新部署、新举措。周生贤强调，要认真做好即将实施的"水十条"的各项准备工作，像抓大气污染防治一样狠抓水污染防治，明确责任分工、细化配套措施、突出重点整治、严格考核问责，推动水环境保护工作迈上新台阶。

环保部副部长翟青在介绍"水十条"时指出，核心就是要改善水环境质量，重点是抓两头，一头是污染重的地方坚决进行治理，另一头是水质较好的河湖，坚决保护起来，不能先污染再治理。水污染防治需要的钱比大气要多一点，规模应该要大一些，因为其中涉及很多公共设施的建设，比如污水处理厂等。根据《"十二五"全国城镇污水处理及再生利用设施建设规划》，"十二五"期间全国城镇污水处理及再生利用设施建设规划投资近 4 300 亿元。

专栏4-3　饮用水安全

近年来，全国多地发生饮用水污染事件，受到公众广泛关注。2012年江苏镇江自来水异味，曾停靠镇江的韩国籍货轮有排放污染源的重大嫌疑。2014年汉江武汉段水质氨氮超标，主要受强降雨影响，部分农业面源污染源随地表径流进入汉江。2014年4月，兰州自来水污染事件中，地下含油污水是引起自流沟内水体苯超标的直接原因之一，而含油污水的成因是由于2002年前的石化企业爆炸事故导致渣油泄漏到地下。

综上所述，饮用水安全污染形式多样。一是污染物形式多样，既有常规污染物，如氨氮超标，还涉及非常规污染物，如引起兰州、杭州、泰州和上海自来水异味的主要物质为苯、苯酚类等有机污染物。二是污染源范围广。除工业点源外，农业面源、生活污水、交通移动源等全部污染源均有涉及。三是污染途径复杂。涉及地下水污染、土壤污染以及历史遗留的环境问题等更具有隐蔽性和复杂性的污染途径，治理难度大。

提高饮用水监测标准，降低饮用水安全风险，是保障饮用水安全的基础。2007年7月1日，由国家标准委和卫生部联合发布的《生活饮用水卫生标准》（GB 5749—2006）正式实施。这是国家21年来首次对1985年发布的《生活饮用水标准》进行修订。新标准充分考虑了我国水环境的现实情况，参考了世界卫生组织的《饮用水水质准则》，结合欧盟、美国、俄罗斯和日本等国饮用水标准，制定了我国的生活饮用水水质检测项目和指标值。新标准最大的改动是监测指标的增加，加强了对水质有机物、微生物和水质消毒等方面的要求。新标准中的饮用水水质指标由原标准的35项增至106项，增加了71项，主要增加在微生物指标、饮用水消毒剂指标、毒理指标中无机化合物和有机化合物、感官性状和一般理化指标。

三、水资源短缺

水资源短缺是我国城市发展所面临的最具威胁性的环境问题，用水效率低下和用水需求不断增长这些根本性问题尚未得到解决。

旱灾频繁。我国是一个水旱灾害多发的国家，旱灾居于中国各类灾害之首。在气候变暖的背景下，我国的降水时空分布、强度和持续时间的变化更加不稳定，进一步增加了旱灾风险，区域旱灾直接减少水资源的供应量，增加了城市水资源供应不足的风险。

用水过度。绝大多数的城市主要是以地表径流和地下水作为城市的主要水源。部分城市的用水量已经超过了水资源的自然更新量。从流域来看，上游城市对水资源的超量截留和水体污染，也导致下游城市缺水问题的加剧。2014年住房和城乡建设部公布全国657个城市中有300多个属于联合国人居环境署评价标准的"严重缺水"和"缺水"城市（新华网，2014）。

分布不均。我国许多城市存在资源性缺水，表现为水资源的供给和需求之间的时间、空间的不匹配。南多北少，西多东少，夏多冬少。缺水严重，富水的地方（如西南的河区和西北的河区）往往是人口稀少、经济薄弱，需水量小；缺水的地方（如海河、黄河、淮河区域）往往是人口稠密、经济发达区域，需水量大。东部地区夏季水满为患，冬春季水量不足，如果再加上水量的年际变化，分布不均的特点更加明显。

水质性缺水。我国南方地区降水丰富，江湖密布，水资源丰富。然而城市发展过程带来的水质污染和生态破坏，使得城市及周边地区的水体水质不达标，无法直接使用，引起水质性缺水。水质性缺水已经成为我国东部沿海经济发达地区面临的共同难题。以珠江三角洲为例，尽管水量丰富，身在水乡，但由于河道水体受污染、冬春枯水期又受咸潮影响，清洁水源严重不足。

专栏4-4　城内外调水陷入困境

"实施重大引调水工程"等举措被普遍视为从根本改善目前城市缺水、水资源利用率低下的解决手段。20世纪末到21世纪初，我国多地都采取了外部调水的办法来解决缺水问题，如引黄济青、南水北调、引汉济渭、大连碧流河引水、沈阳大伙房引水、滇中引水等。据不完全统计，国内目前至少有15项地方性调水工程，耗资逾1300亿元，年累计调水约208亿m^3，铺设调水管线总长近4000 km，比北京到拉萨铁路全长还多300余km。这还不包括耗资达5000亿元的南水北调工程。

原住建部副部长仇保兴曾撰文称："随着调水规模越来越大、距离越来越长，带来了调水越来越困难、调出地水生态破坏越来越严重等诸多问题；同时，外调水工程量大、投资和运行成本高，调来水与当地水出现'水土不服'的情况越来越多，一些地方出现了调来水与当地水成分差异导致自来水管道内的水垢溶解析出，形成了新的污染，且相当难以治理。所以，以长距离调水解决水资源短缺的模式在一定程度上已经陷入困境"。从调水成本和潜在风险综合考虑，应理性决策调水工程。解决城市水安全，应节水优先，从水生态修复入手，全面提高水的使用效率。

四、水生态系统破坏

城市水环境是城市生态系统的重要组成要素，其治理对改善城市景观、提高城市品位和竞争力以及维护公众的健康等具有特别重要的意义。在城市中自然水体和人工水体越来越成为城市环境的重要组成部分。然而，现代城市快速发展过程中，过度改造自然水体，兴建大型人工景观水体，破坏了自然水生态环境及其雨洪调蓄等生态服务功能。

不合理建设水生态景观倾向。有些缺水地区片面追求区域水生态环境表面改善，不顾当地水资源、水环境和水生态条件，大搞人工造湖，依托引水造湖挖河，大兴房地产，以人造水生态环境去抬高房价，获取经济利益。由于没有因地制宜，没有恰当考虑人工河湖的水源保障与蒸渗损失，导致了水资源浪费和生态环境的破坏，也影响了区域水资源的合理配置和科学利用。

城市水系渠化、硬化及隐蔽化的倾向。城市河道及湖泊污染整治时，很多城市采取硬化、防渗、填埋或是隐蔽化等方法，以割裂与周边生态系统的联系来美化河道景观、减少污染，水体原有的近岸生态系统几乎无法保留，水体自净能力下降。这种做法的直接后果在数年之后开始显现，水质持续恶化，地下水补给来源减少，河流、湖泊的自净能力丧失殆尽，而频繁高昂的人工清理费用成为管理者的沉重负担。城市建设中对河流水系的天然格局保护不够，导致水系的连通性下降，水流不畅，逐渐成为臭水沟，湖泊的水华泛滥。

专栏 4-5　城市水生态系统破坏加剧自然灾害

2005 年 8 月 29 日，卡特里娜飓风（Hurricane Katrina）登陆墨西哥湾沿岸，造成至少 1 836 人死亡，总经济损失超过 1.0×10^{11} 美元。在新奥尔良，风暴冲破防洪堤，淹没了 80% 的城市，150 万人流离失所。这次飓风是美国受灾转移人口规模最大的一次。巨灾过后，美国社会进行了全面反思。从灾害产生原因的分析中人们发现，此次悲剧天灾固然是一个重要因素，但人的很多不合理的活动正是加剧本次灾害影响的重要因素。

新奥尔良市地处密西西比河入海的三角洲上，许多居民区低于海平面，城市本身就容易遭受水患。为了加快城区洪水排泄，该市将三角洲上很多天然河道裁弯取直，建立了人工排洪系统。随着城市的发展，在围海造陆和开采石油的影响下，包括新奥尔良在内的路易斯安那州的东南部已经下沉。城市开发和修建运河导致河岸线、海岸线丧失了许多湿地，这些湿地是阻挡风浪的关键缓冲区。在飓风引发海啸时，海水毫无阻拦，笔直、顺畅的人工河道此时反而成为引导风浪进入城市的便利通道，洪水迅速涌进城市，缩短了人们逃生的时间。

第三节　城市水环境一体化治理的经验

进入 21 世纪以来，全球正面临着日益严峻的水危机，水管理问题也成为各国政治家关注的热点问题。"水危机的根源是水管理危机，世界不缺水，缺的是对水资源的有效管理"，第三世界水资源管理中心主任阿西特·比斯瓦斯教授，形象地说明了有效的水管理对于解决水危机具有重大的意义。城市中水危机涉及水源、供水、排水、节水、治污等多个环节，"九龙管水"的模式已经难以适应经济社会发展的要求。实现水环境整体优化提升的目标，进而保障经济社会可持续发展，必须对城市水环境治理体制进行改革和调整。城市水环境一体化治理在实践中逐渐得到大家认可，成为改革的必然选择。

一、我国古代城市水环境治理的智慧

城市水环境问题自古以来就存在，我国古人积累了很多城市水环境治理的经验。古代黄河自身的决徙造成了洪涝的多发与防洪设施的破坏，大量泥沙既淤没了诸类水体，也抬高了城墙之外的地势，洪涝应对成为重要的城市问题之一。面对黄河频决的巨大风险以及严峻的洪涝形势，开封城官民一道筑堤防、修护堤、缮城墙，御水于城体之外；开凿城内沟渠、疏浚城外河道、挖暗沟、建水门、置水闸、造水车，防水于成灾之初。古人在开封进行多重性与立体化建设，增强了开封城水安全（吴小伦，2014）。古人的智慧至今对现代城市水环境管理仍有借鉴意义，然而对于应对现代城市复杂多样的水问题，还远远不够。

专栏4-6　中国古老智慧

北京——老城排水系统。现在的北京城是以元大都为基础，经过明、清、民国和新中国等时期的建造逐渐形成的。其下水道系统在元时就已经形成，明代朱棣迁都北平后在元大都的基础上进行扩建，同时修缮了下水道系统。至清朝后期，国力势微，城市市政系统建设相对滞后，也产生过龙须沟这样的臭沟。现在的北京城中，一般老城区仍在沿用古代的排水系统，或是古代与现代的合用。北京老城中，最著名的是故宫的排水系统，三大殿三重台基上有1 142个龙头排水孔，瞬间将台面上的雨水排尽，并形成千龙吐水的壮丽景观。这些被排出的水，通过北高南低的地势泻入内金水河流出。故宫的排水，综合了各种排水法，既有地下水道，又有地面明沟，这些或大或小、或明或暗、纵横一气的排水设施，能够使宫内90多个院落、72万 m² 面积的雨水通畅排出。

赣州——宋代排水沟让城区远离内涝。2010年6月21日，赣州市部分地区降水近百毫米，市区却没有出现明显内涝。赣州有"千年不涝城"的美誉，主要归功于宋代福寿沟为代表的城市排水系统。据史料记载，在宋朝之前赣州城也常年饱受水患。北宋熙宁年间（公元1068—1077年），一个叫刘彝的官员在此任知州，规划并修建了赣州城区的街道。同时根据街道布局和地形特点，采取分区排水的原则，建成了两个排水干道系统。因为两条沟的走向形似篆体的"福"、"寿"二字，故名福寿沟。福寿沟利用城市地形的高差，采用自然流向的办法，使城市的雨水、污水自然排入江中。每逢雨季，江水上涨超过出水口，也会出现江水倒灌入城的情况。于是，刘彝根据水力学原理，在出水口处，"造水窗十二，视水消长而后闭之，水患顿息"。在现在学者看来，水窗是一项最具科技含量的设计。原理很简单，每当江水水位低于水窗时，即借下水道水力将水窗冲开排水。反之，当江水水位高于水窗时，则借江水力将水窗自外紧闭，以防倒灌。至今，全长12.6 km的福寿沟仍承载着赣州近10万旧城区居民的排污功能。有专家评价，以现在集水区域人口的雨水和污水处理量，即使再增加三四倍流量都可以应付，也不会发生内涝。

二、新加坡的环境和水资源可持续发展之路

新加坡是一个美丽的岛国，享有"花园城市"的美称。新加坡1965年独立后的迅速

工业化，使其变为一个城市国家。各类建筑覆盖了 2/3 的国土，工业的发展、人口的增多导致水资源短缺日益严重。20 世纪 90 年代以来，新加坡不得不主要依靠买水度日，从马来西亚 19 个水库引水，并在马来西亚建立了 9 个水处理厂和 15 个储水设施。

新加坡政府提出了"洁净的饮水、清新的空气、干净的土地，安全的食物、优美的居住环境和低传染病率"等环境目标，通过健全的法律、周密的计划、严格的执法和到位的管理对工业化的环境后遗症进行补救（陈荣顺等，2013）。为减少对外国水供应的依赖，新加坡计划把全国 70%国土上的雨水都收集起来，另外不断开发应用海水淡化和新生水新技术，为水资源短缺"开源"。新加坡现有 4 家新生水厂，将废水转变为符合国际饮用标准的水，满足了国家 15%的用水量，主要用于芯片制造、制药等需要高度纯净水的工业及建筑物冷却系统等，还有小部分供居民饮用。

此外，城市污水回收、处理和再利用也是建设"清水、绿地、蓝天"计划的重要工程。新加坡的深隧道地下水系统致力于可持续发展、节约土地、循环利用水资源和保护环境，于 2008 年建成，占地 32 hm^2，樟宜污水处理厂拥有世界先进的综合水务处理技术，日处理污水 80 万 m^3，潜在日处理能力 240 万 m^3，在瑞士举办的"2009 全球水务奖"颁奖典礼上荣获"年度水务项目"称号。它是新加坡规模庞大的深层隧道排污系统的核心，ABB 的技术驱动着污水处理厂的顺利运转。该厂主要服务新加坡北部和东部岛屿的家庭和工业废水，通过长达 48 km 的地下污水隧道输送到位于樟宜的集中式污水处理厂，输送污水的隧道从地下 20 m 逐渐深入到地下 55 m，污水不用泵站加压就可以在重力作用下顺着隧道流入处理厂。这种深层隧道排污系统，使得厂区规模仅为同类污水处理厂的三分之一，从而为新加坡节省了大量的城市用地，它可以满足未来 100 年内新加坡城市废水回收、处理和再利用的需求。该工厂拥有全球最先进的污水处理设施，采用膜处理技术，每天可以按照国际标准处理 80 万 m^3 污水，经过处理的废水一部分通过两条深海管道排放到 5 km 外的海里，一部分输入新生水工厂（NEWater Factory）进行进一步净化，最终成为"新生水"（NEWater），水质可以达到饮用甚至更高的纯净水级别。

专栏 4-7　中水回用是城市的新水源

污水再生与回用为人类开辟了新的水资源，缓解了水短缺的危机，还改善了城市水环境。在发达国家中，污水再生与回用已经很普遍。以色列法律明文规定，在紧靠地中海的滨海地区，如果污水未充分利用，就不允许利用海水或淡水。据 1997 年资料显示，以色列全国污水的 100%、城市废水的 70%都得到了回用。日本也很重视污水处理后的回用。从 20 世纪 80 年代开始，日本大力修建实现城市污水回用的中水道系统，还发展了地下毛细管渗滤系统，利用城市边角地块，将污水处理和草地建设结合起来。美国洛杉矶市已制定了 2010 年和 2050 年的城市污水回用计划，届时的污水回用量将分别占该市污水总量的 39%和 69%，相当于需水总量的 23.4%和 41.2%。也就是说，洛杉矶的用水需求将近一半可以靠污水的再生来满足。

三、浙江"五水共治"的经验

为建设美丽浙江，浙江省委、省政府将"治污水、保供水、防洪水、排涝水、抓节水"作为全面深化改革的重要内容和需重点突破的改革项目，"五水共治"是浙江推进新一轮改革发展的关键之策，对浙江城市发展建设及城市生态文明建设有着现实意义，对于全国城市水环境管理实践有着领头和借鉴意义。

"五水共治"既解决自来水、江水、河水等水流的污染问题，也是一石多鸟的举措，既扩投资又促转型，既优环境更惠民生。进行"五水共治"，是促进人水和谐、社会平安稳定的重要保障。

"五水共治"好比五个手指，治污水是大拇指，防洪水、排涝水、保供水、抓节水是其他四指，分工有别，和而不同，捏起来就是一个拳头。治污水的大拇指最粗，百姓观感最直接，也最能带动全局，最能见效。为此，浙江省委、省政府特地绘出了浙江"五水共治，治污先行"的路线——三年（2014—2016年）要解决突出问题，明显见效；五年（2014—2018年）要基本解决问题，全面改观；七年（2014—2020年）要基本不出问题，实现质变。

1. 嘉兴

嘉兴全市组织系统把"五水共治"纳入干部教育培训的必学课目、领导干部年终述职和领导班子民主生活会的必讲内容及对领导班子和领导干部考核评价的必考指标，教育广大党员领导干部切实增强以"五水共治"为突破口打好转型升级"组合拳"的定力。嘉兴市还把"五水共治"作为群众路线教育实践活动的重要任务，在全市范围内组建公众监督员队伍、设立媒体"曝光台"，广泛听取广大群众对"五水共治"工作的意见建议。嘉兴把"五水共治"作为领导干部选拔任用工作的重要参考，选派优秀干部到"五水共治"工作一线培养锻炼，在"五水共治"中识别干部、发现干部、考验干部，全面准确地掌握各级领导班子和党员干部在"五水共治"中的现实表现。

2. 丽水

丽水"五水共治"重点推进污水治理，联动推进"五水共治"，统筹推进治水治气。丽水结合实际，明确市"五水共治"下一阶段的十大工作目标：全市地表水环境功能区达标率要继续保持全省第一；跨行政区域河流交界断面和县以上集中式饮用水水源地水质达标率继续保持100%；力争在全省率先完成半年内清理垃圾河，两年内治理臭河，消灭黑河工作；2014年农村污水处理行政村覆盖率达到70%以上；到2016年，丽水中心城区、县级城区达到防御20～50年一遇洪水标准；完成县级以上城区备用水源建设；完成丽水中心城区排涝整治工程；开展县城城区防洪防涝综合整治工程；开展松古、碧湖和壶镇三大平原排涝工程；初步建立节水型社会。

3. 温州

温州充分利用民间的力量推进"五水共治"。举行千人共建"美丽塘河·宜居水乡"暨"治水公益基金"捐赠启动仪式。出席"两会"的人大代表和政协委员带头捐款，为"治水公益基金"筹集首笔资金68万余元，并齐心协力参与清理河泥劳动。瓯海区启动黑臭河、垃圾河整治行动，47 条挂牌整治河道基本消除黑臭现象，河道水质有了一定的改善。2014 年该区继续以"五水共治"为突破口，推进黑臭河道整治，严格落实"河长制"，打好治水攻坚战。

四、英国的"流域一体化与私有水务公司相结合"的管理

（一）英国水环境管理的演变

英国水环境管理经历了从地方分散管理到流域统一管理的历史演变，目前为中央对水资源按流域进行统一管理与私有化的水务公司相结合的管理体制（矫勇等，2001）。

20 世纪初期和中期，英国水资源管理高度地方化与分散化。水资源管理、洪水控制、供排水服务以及污水收集、处理服务基本上处于地区分散管理状况。60 年代起英国开始改革水环境管理体制，初步建立了流域水量一体化模式，成立了实行流域一体化水资源管理的 27 个河流局和 1 个水资源委员会，并界定了中央政府在水资源发展中的作用。70 年代英国开始进行流域一体化管理与经营改革，对水资源按流域分区管理、合并（中国华禹水务产业投资基金筹备工作组，2007），10 个水流域建立了 10 个区域性的地方水务局（Regional Water Authorities，RWAs）。水务局不是政府机构，而是法律授权的具有很大自主性、自负盈亏的公用事业单位，负责流域范围内与水资源相关的所有事务，对包括水资源、供水、排水、污水处理、防洪、航运、渔业甚至水上娱乐等事业实行统一管理。

20 世纪后期，英国对水的供给和管理行业实行私有化。水务局改组成为国家控股的纯企业性公司并改称为水务公司，获得政府颁发的取水、污水许可证后，采用市场化运作方式，自主经营，自负盈亏（子熙，2007）。此外，建立了一个囊括经济监管、环境监管、水质监管的专业化监管体系，实行了英国水务管理行业运营者与监管者的分离。

（二）英国水环境管理体制特点

1. "决策-监管-经营"相分离的水环境管理体制

英国实行中央对水资源按流域进行统一管理与私有化的水务公司相结合的管理体制，涉水环境管理职责分散于多个政府部门、公共机构和水务公司，形成政府宏观决策、公共管理机构监管、水务公司市场运营的"决策-监管-经营"水环境管理体制。环境、食品和农村事务部是英国中央政府统一管水部门，主要负责国家层面政策制定、立法以及推动政策实施；水资源监管职责主要由环境局、水务监管局以及饮用水监管局承担，分别负责水环境监管、水务公司经营监管和饮用水质量监管；水务公司是由原各区域水务局改制而成，主要负责供水服务及其相关资产私有化。此外还有全国水理事会、消费者委员会等咨询机构，可接受用户的投诉，并对水规划、水质、水价发表意见（姚勤华等，2006）。

2. 以流域为基本单元的水资源管理

供水、排水、污水处理等水资源管理的具体事务由私营水务公司承担（可持续发展管理政策框架研究课题组，2011）。由国家层面的管理、监督机构统一制定并组织实施水资源管理的法律、规章、制度、政策等，并形成政府部门、监管机构和水务公司相结合的水环境管理体制。各相关机构根据水法签署备忘录条约，作为基本原则，解决水环境管理过程中的矛盾纠纷问题。存在争论时，由各相关机构首席执行官进行问题协商，决定该采取什么措施解决问题。

第四节　城市水环境保护与控制措施

由于城市的水问题既涉及水的资源管理，又涉及水污染的治理，水的问题兼具"公益性"和"商业性"双重属性，其开发、利用和治理涉及多个利益主体，必须建立系统的保护与控制措施。

一、完善水管理法律体系

完善水管理法律体系首先是对水资源的管理。水资源相关法规、制度的完备性和执行的有效性，是保障城市水安全的基础。我国以宪法为基础，已制定了一系列水资源管理的法律法规，基本上实现了水资源保护活动的有法可依。我国现行的有关水资源保护的法律主要有《环境保护法》《水法》《水污染防治法》和《水土保持法》四部。

水环境安全方面，国务院出台了《城镇排水与污水处理条例》（国务院第 641 号令）、《国务院关于加强城市基础设施建设的意见》（国发〔2013〕36 号）、《国务院办公厅关于做好城市排水防涝设施建设工作的通知》（国办发〔2013〕23 号）等法规、政策，涉及城市排水防涝、城市安全供水、城市污水处理及中水回用。但这些法律法规都还不够健全和完善，尤其是在对流域水资源保护方面，存在的问题更为严重突出。城市水环境治理的突出性和问题复杂性，还需要进一步完善相应的法制体系建设。针对现行法制中出现的区域协调难、部门分制复杂、处罚力度低等水环境管理问题，进一步通过健全司法及其解释体系，确保水环境保护与管理的效果和效率。

专栏 4-8　水保护法规国际经验

针对城市水问题的治理，各国尤其是发达国家拥有诸多先进经验。如泰晤士河建立城市污水和废水的治理系统；美国通过与自然相协调的可持续河流管理理念，建立了完善的湿地生态系统；日本强调用生态工程方法治理河流环境、恢复水质、维护景观多样性和生物多样性。除了运用先进的技术，在水环境管理方面各国普遍采用法制化、协同性、综合化的防治思路。

针对水污染问题，各国制定了法律加以严格管控，如美国 1972 年制定了《清洁水法》，英国于 1963 年颁布了《水资源法》以及 1973 年通过了《水法》及专项法律完善水法体系，德国于 1996 年修订了《水资源管理法》，法国于 1964 年通过了《水法》和《水域分类、管理和污染控制法》，欧盟也在 1970 年开始制定水源和河流方面的法规以保护水质，2000 年批准通过了《水框架指令》。在水环境保护方面，发达国家和区域性组织构建了一套完整的法律法规体系。纵向上，从国家层面到区域、流域层面都已分别制定法律法规；横向上，针对水污染治理的实际需求，从技术层面、管理层面、社会公众参与层面制定了各类技术标准、经济政策、行政管理政策等规章制度，形成了完善的法律法规体系，一方面约束水污染行为的扩张，另一方面指导水污染治理工作的开展。

二、制定整体水环境规划

城市规划是城市管理的重要组成部分，主要涉及城市土地、建筑物、产业的空间布局，城市工程的安排以及道路、运输设施的设置等，是城市建设和管理的重要依据。然而，现行的城市规划规范中并未兼顾城市发展对水环境的潜在影响，使得城市水环境安全保障的压力日渐凸显。另一方面，城市水环境管理和修复基本都是在城镇化之后进行的改造建设，不仅滞后于城市发展，而且浪费了大量资源，因此寻求城市规划与城市水环境的和谐发展是一项重要的规划课题。

城市水环境管理预先规划，不仅可以避免对后期城市发展造成阻碍，也降低了水环境治理保护的难度和花费。此外，城市中的空气、水、物质和能源是一个整体系统，水环境的优劣会直接影响到城市其他环境要素，因此，发挥协同保障作用成为当务之急。在欧洲，城市规划必须通过水环境影响的预评估后才能实施，而国内的城市规划管理体系中还缺少城市水环境影响的评估环节。

在城市规划中应该整合城市形态和城市水系统。评估水环境安全风险，确定生态化的城市空间结构和提出合理的土地使用模式，是维持健康水环境的前提条件。这种规划不应局限于单个城市中，还需要在行政区间加强联系，流域空间开发和土地利用对流域整体会造成影响，需要在流域综合管理中充实完善土地利用分区与管制等研究内容。总体规划应该遵循水资源可持续性为原则和目标，利用多学科研究科学指导规划布局，探索跨环境科学、景观生态学、城市规划学、风景园林学等多学科交叉的城市土地使用生态规划方法，而非单一的工程方式解决城市水资源问题。

《国家环境保护"十二五"规划》首次明确提出了"探索编制城市环境总体规划"，探索从顶层设计开始，完善环保参与政府综合决策的能力。水环境问题综合性决定了在城市环境总体规划中的水环境专题规划研究的重要性。城市环境总体规划对水环境系统要求，需要建立在对城市所在地区的水资源水环境的系统分析上，提出城市未来中长期保持水环境质量良好前提下的污染负荷上限，并在城市全域空间上加以表达，作为城市未来经济发展布局和产业发展路径选择时的一个约束和指引。

图 4-1　水综合管理系统

资料来源：余向勇. 城市环境总体规划的水环境系统研究——以宜昌为例. 2014.

专栏 4-9　两种水环境规划模式

在水环境规划政策制定执行中采取了两种主要管理模式：以美国为代表的"集成-分散"式和以英国为代表的"一体化统筹"式。美国国土面积大、各州具有自治权力，而流域水质又要求联合管理，因此形成了"集成-分散"模式，"集成"体现在由统一的流域水环境管理部门进行政策、法规与标准的制定，以及流域水资源开发利用与水环境保护部门所涉及的各部门与地区间的协调；"分散"则表现为各部门、地区按分工职责与区域对水资源、水环境分别进行管理。而"一体化统筹"是指在较大的河流上都设有流域委员会、水务局或水公司，统一流域水资源的规划和水利工程的建设与管理，直至供水到用户，然后进行污水回收与处理，形成一条龙的水管理服务体系。英国水环境管理实行专门化具有市场性质的水务一体化管理。英国目前有 10 个供水及排水公司和 13 个供水公司承担英格兰和威尔士全境的水务服务，监管的独立性使得水务行业的运营免于政治干扰，并为水务行业提供了稳定的运营环境，经济监管所带来的激励效应大大提高了水务行业的整体运营效率。

在水环境管理手段上，主要发达国家注重市场经济措施的使用，采取综合治理的管理手段。综合运用了财政、税收等经济管理手段，水质监测、污染总量控制等技术管理手段和流域综合管理、制定战略计划等行政管理手段开展水污染治理工作。

三、加强水环境监测

目前存在的地表水水质监测和污染源监控是两套相互独立的监测体系，分别覆盖了地表水体以及污染源排放，两套监测系统各自为政，并没有发挥很好的协同作用。但是对城市来说，水环境安全维护既需要维护水资源的质量，也需要监控污染物的排放。因此必须以城市水环境统一监管为目标，建立城市水环境监测预警网（包括城市相关水体、城市排水设施、污水处理设施、其他城市水设施），在城市范畴内将上述两套监测体系有效结合起来，实现城市水环境的全方面自动监测。这样既可以实时掌控城市水环境各类监测对象的自身运行情况，也可以动态了解城市活动对水体造成的突发污染影响，做到水环境突发事件的快速联动应对。针对目前监测体系仍不完备的现实，扩大加密城市水环境自动监测系统，监测对象全面覆盖自然河流、自然湖泊、大型人工水体、雨水管网、污水管网、合流制管网、污水处理厂以及再生水厂等。并在现有自动监控体系上，协调监测管理部门，加强分工协作，实现数据共享，同时配备水质监测实验室和移动监测设备，加强自动监测系统的运行维护（翁窈瑶等，2014）。

四、分型治理水环境污染

在城市水环境监控一体化基础上，对水环境问题需要进行分型治理，包括饮用水水质问题、生活生产排污问题两大方面。饮用水水质必须从源头抓起，加大饮用水水源地生态保护与修护力度，包括水源地开展生态保护和定期安全评估。加强城市地下水、周围农村水环境的保护、修复以及污染的防控。

在治理水污染问题中，主要有两个途径：一是利用自然环境的自净能力，如恢复城市水系的流动性，保障基本生态径流，利用草地、湿地等的天然截污净化能力建立天然污水净化系统等（专栏 4-11）；二是建设城市污水的集中处理设施。目前我国污水处理厂主要针对工业废水和生活污水的点源污染（见表4-1）。而水污染处理不仅依靠技术手段，还在于建立长效监管机制。一是支持地方性、市场化的水务产业发展，积极推行水污染治理新技术；二是加强处罚，严格执法，严厉打击；三是完善预警预报体系，制定突发事件应急预案；四是完善监测体系和数据公开，推行群众监督；五是提升社会环境意识，从生产者、消费者角度建立水污染防控意识。

表 4-1　不同类型水环境污染控制技术

面源污染	点源污染	外源污染	人工湿地
源头的分布控制技术	工业点源污染控制	污水集中处理	人工湿地对有机物的降解
下凹绿地设计	控制氮、磷的排放		人工湿地对氮、磷的去除功能
路面铺设透水层			
缓冲带设计			
末端集中的控制技术			

专栏 4-10　世界最大的百年污水天然自净系统

澳大利亚墨尔本修建了世界上最大的污水天然净化系统，其中包括牧场漫流系统、土地过滤系统和稳定塘等设施。当污水被引入组成漫流系统的大片草地时，污水被渗滤及微生物作用所净化，草地则得到了水和肥。草地被划分为很多块，当一部分草地在接受污水当作土地处理系统运行时，另一部分草地上则呈现出一派牛羊成群的牧场风光。当牧场上某块地的草被牛羊吃尽后，污水和牛羊群便会交换场地。

专栏 4-11　水务产业

　　城市水务产业与城市供热、燃气、垃圾处理等市政公用事业被称为"市场化的最后堡垒"，关系着百姓日常生活、社会稳定和经济建设的健康发展。城市水务具有明显的社会公益性和外部性。西方发达国家城市水务产业大多广泛引入市场竞争机制，使得更多资本进入水务产品生产和服务的市场，提高了水务产品和服务的质量。国外水务市场化改革的经验给我国深化水资源、水环境管理的改革具有重要的借鉴意义，水务产业发展在兼顾社会效益的同时注重经济效益，形成投资回报良性循环，经营规模化，厂网分离、延伸公用服务产业链的一种经营体制（蒋达，2008）。重点是运营主体企业化、投资主体多元化和价格形成市场化。我国水务产业主要包括三大业务：自来水供应业务、污水处理行业和可再生水利用业务，后两个业务正处在快速发展时期，市场存在巨大的潜在需求。

表 4-2　中国水务产业主要市场参与主体及特点

市场参与主体	特点	代表性企业
跨国水务公司	资本雄厚、技术先进、管理经验丰富。对中国水务政策和国情了解不够，偶有水土不服	法国威立雅、苏伊士、英国泰晤士水务、德国柏林水务
国有控股上市水务公司	投融资能力强，资金雄厚，与政府合作密切，较国际公司技术和管理薄弱	首创股份、重庆水务、钱江水利、武汉控股
国有非上市跨区域发展水务公司	地缘资源丰富，运营经验也很丰富，跨区域发展规模较大	深圳水务集团
国有非上市区域城市水务公司	具有当地垄断地位，主要以完成政府目标为宗旨，经营自主性不强，市场和业务拓展相对薄弱	温州水务集团
民营企业	管理和激励机制良好，市场意识强烈，经营灵活。行业经验和业绩较弱，属于新兴入市者	桑德环境、浦华控股、国祯环保

五、加强城市排水系统建设

　　城市水环境和生态维护的重点是水量的分配与协调，而城市来水排水是水量协调的关键。城市排水系统是城市公用设施的组成部分，担负着处理和排除城市污水和雨水的重要功能。它直接关系着居民的基本生活和城市的经济发展，也是城市建设水平的重要表征。城市排水管网不仅是美化城市、维持正常运转的基础设施，更是实现水资源循环往复的生命线。2013 年 9 月，国务院下发了《关于加强城市基础设施建设的意见》；2014 年 6 月，国务院印发了《关于加强城市地下管线建设管理的指导意见》，对城市排水管网系统提出了具体要求，凸显了政府对城市排水系统建设的重视。城市排水系统通常由排水管道和污水处理厂组成。在实行污水、雨水分流制的情况下，污水由排水管道收集，送至污水处理厂处理后，排入水体或回收利用。而雨水径流由排水管道收集后，就近排入水体。城市排水系统的建设与完善需要在政府主导下，通过加大投入、提高标准、完善考核，系统推进。

（一）坚持雨污分流，排蓄结合的理念

借鉴西方发达国家城市水环境治理的理念，从以排水为主转变为排蓄结合。坚持近期发展与长远发展相协调的原则，全面实施城区雨污分流、污水"全收集、全处理"的工作目标，控新治旧，科学组织，精心实施，不断改善城市生态环境。

（二）完善法律法规，规范排水系统建设机制

在《防洪法》的基础上，借鉴国外防城市内涝法律立法经验，专门制定《城市防洪法》和预防城市内涝的详细条款，具体规范城市内涝的预防、规划、建设规模、应急措施以及政府责任等。

政府要从城市安全、内涝防治、保障群众生命财产安全，环境保护和污染治理，水资源尤其是雨水资源的利用三个方面考虑，将其纳入政府的第一责任，只有解决了顶层的问题，才能解决后续的具体技术措施和资金的问题。成立城市排水工作领导小组，并形成联席会议制度。建立一个沟通顺畅、分工明确、责任到人的运作系统。

（三）提高排涝设计标准，完善城市排水体系

根据城市不同区域的地理条件、人口密度以及建筑物的重要性，而设定不同的防汛建设标准，各城市根据自身实际结合国家标准制定科学的建设规划；加强城市地下管道的建设和配套管理，提高建设标准，以预防更大的雨涝灾害。

（四）加大对城市排水系统设施建设的资金投入

加大政府对城市排水管网的建设投入，一次性投资，百年受益。财政部门应划拨专项资金，包括建设、维护、改扩建等费用，保证专款专用；配备相关的人员编制，引进技术人才，保障建设项目的有力实施。

同时积极将市场化的资本"引进来"，用市场把政府、企业、公众的活力调动起来，探索厂网一体化的有效模式，以缓解政府投入的前期资金压力，实现企业短期投入的利益长期化，做到政府与企业的"共赢"。

（五）加强行政问责，完善考核机制

建立排水系统的监管体系，将城市地下排水系统建设作为城市建设的基础项目，纳入政府建设的规划和领导考核标准的范围；强化问责机制，对由于地下排水系统问题造成的城市内涝，应追究相关负责人的责任。

建立一支敢于执法、有执法权力的执法队伍，打击非法破坏管网的行为，遏制非法排污、偷排泥浆、非法倾倒垃圾等严重导致管网正常运营的现象。

六、实施城市水环境一体化治理

为了实现水环境与城市发展的和谐，必须在城市水环境问题治理中建立水生态环境的理念，以生态系统一体化管理思路进行治理和建设。牢固树立人与自然和谐相处理念，尊重自然规律和经济社会发展规律，以水定需、量水而行、因水制宜，推动经济社会发展与水资源和水环境承载力相协调。

把生态文明理念融入城市水资源开发、利用、治理、配置、节约、保护的各方面和城市水利规划、建设、管理的各环节，坚持节约优先、保护优先和自然恢复为主的方针，以区域水资源和水环境承载能力为约束，以维护城市河湖健康和水生态系统良性循环为目标，以落实最严格水资源管理制度为核心，通过优化水资源配置、水资源节约保护、实施水生态综合治理、加强制度建设等措施，完善城市水生态保护格局，实现水资源可持续利用，促进人水和谐。

要坚持保护为主，防治结合。规范各类涉水生产建设活动，落实各项监管措施，着力实现从事后治理向事前保护转变。要坚持统筹兼顾，合理安排。科学谋划城市水生态文明建设布局，统筹考虑水的资源功能、环境功能、生态功能，合理安排城市的生活、生产和生态用水，协调好上下游、左右岸、干支流、地表水和地下水关系，实现城市内部及城市之间水资源的优化配置和高效利用。要坚持因地制宜，以点带面。根据城市水资源禀赋、水环境条件和经济社会发展状况，形成各具特色的水生态文明建设模式。提高防洪保安能力、供水保障能力、水资源和水环境承载能力。

必须以理念和认识的提高为长效机制，增强城市居民节水意识、环保意识、生态意识。要加大水情教育工作力度，开展水文化宣传教育，提高全社会珍惜水资源、保护水生态的自觉性，营造节水、爱水、护水、亲水的社会氛围，从认识上促进用水方式的根本转变，奠定水生态文明建设的思想基础。同时，在进行水生态文明建设时要尊重自然、顺应自然、保护自然。

专栏 4-12　国外的下水道

1. 纽约——最庞大的排水系统

纽约市下水管道总长 10 600 km，具有壮观的地下砖结构隧道，完善的排水设施是美国其他任何一座城市都无法相比的。纽约排水系统却经常因为污染水道的问题备受诟病，甚至还发生过因污水异味导致联合国总部会议被迫终止的事件。目前，纽约居民每天制造的废水约为 13 亿加仑，为解决污水问题，纽约市花大力气改造其已有的 14 座污水处理厂，日产下水道污泥 1 200 t，利用居民生活污水所产生的大量污泥和甲烷作为潜在的可再生能源，为居民家庭提供能源，纽约的污水处理体系具有明显的经济性和可持续性特征。

2. 巴黎——下水道博物馆

巴黎下水道修建于 19 世纪中期，但就是用现在的眼光看，这些高大、宽敞如隧道般的下水道仍不落伍。巴黎人利用这些有着 100 多年历史的下水道建成了下水道博物馆。巴黎已经实现了对城市废水和雨水的 100%处理，保障了塞纳河免受污染。这个城市的下水道除了正常的下水设施外，还铺设了天然气管道和电缆。直至 2004 年，其古老的真空式邮政速递管道才真正退出历史舞台。

3. 慕尼黑——最美丽的排水系统

在慕尼黑 2 434 km 的排水管网中，布置着 13 个地下储存水库。这些地下储存水库，就好像是 13 个缓冲用的阀门，充当暴雨进入地下管道的中转站。当暴雨不期而至，地下的储水库用它们 706 000 m³ 的容量，暂时存贮暴雨的雨水，然后将雨水慢慢地释放入地下排水管道，以确保进入地下设施的水量不会超过最大负荷量。慕尼黑城每天排放的生活污水、工业废水和落在地面的雨水都最终汇入伊萨尔河（多瑙河的支流），为防止伊萨尔河泛滥成灾，慕尼黑并不是简单地修建坚固的堤坝，而是一直在不断地扩大河流的滩涂、两岸的湿地和绿地。当河水高涨的时候，可以利用大面积湿地和植被对洪水的缓冲能力，减少河水对两岸的压力。而在平时，大面积临水的绿地也是市民休闲的好去处。

4. 伦敦——适用于多雨城市的排水系统

1859 年之前，伦敦的下水道系统并不尽如人意。直到 1859 年地下排水系统改造工程动工后，才慢慢有所改善。1865 年，坚固的下水道系统终于完全建成，伦敦用全长 2 000 km 的排水系统，将全部污水排往大海。相比巴黎可供参观的下水道系统，伦敦的下水道并没那么整洁，但伦敦的所有市民都在享受着这个庞大排水系统所带来的恩惠。

5. 东京——最严谨的排水管道

20 世纪 50 年代末，日本工业经济进入高速发展通道，却因为下水道系统的落后饱受城市内涝之苦。为了解决恶化的环境污染问题，东京开始大力"治水"。靠近河渠地域的雨水一般会通过各种建筑的排水管，以及路边的排水口直接流入雨水蓄积排放管道，最终通过大支流排入大海；其余地域的雨水，会随着每栋建筑的排水系统进入公共排雨管，再随下水道系统的净水排放管道流入公共水域。东京下水道的每一个检查井都有一个 8 位数编号，该编号能让维修人员迅速定位事故地点，提高维修效率。另外，为保证排水道的畅通，东京下水道局规定，一些不溶于水的洗手间垃圾不允许直接排到下水道，而要先通过垃圾分类系统进行处理。此外，烹饪产生的油污也不允许直接导入下水道中，因为油污除了会造成邻近的下水道口恶臭外，还会腐蚀排水管道。下水道局甚至配备了专门介绍健康料理的网页和教室，向市民介绍少油、健康的食谱。

专栏 4-13 国内的排水设施

1. 西安——人工蓄水池

西安市的下水井下，都会修建一个小型的混凝土蓄水池，可以满足一般雨水的收容、存储。调蓄池既可以是人工构筑物，例如地上的蓄水池，底下的混凝土池，可以是地下下水道，也可以是天然场所，例如湿地、人工湖。蓄洪池的作用总的来说就是将雨水储存在一定规模的场地里，然后起到调蓄雨量、避免峰值过大或者是储存雨水以备以后净化回用等作用，当雨水超过调蓄最大流量时会从溢流口排出。目前，西安大的蓄洪池包括护城河、兴庆湖、汉城湖、曲江两湖等，调蓄能力约 300 万 m^3。

2. 青岛——下水道宽敞甚至能跑火车

青岛建置初期，没有排水设施，市区地势东高西低，地面水主要依靠天然河流和冲沟流入海中。德国侵占时期对整个城市进行了一定规模的市政建设，1898 年开始设置污水管道。至 1905 年，青岛部分居民已采用雨污合流。据统计，德国侵占时期共在青岛铺设雨水管道 29.97 km，铺设污水管道 41.07 km，雨污合流管道 9.28 km。青岛现在的排水设施就是在这样的基础上不断织网和扩张，排水网络日趋完善。除管道外，一百多年前的德国工程师还留下了多个明沟和暗渠，有些暗渠至今仍在发挥排洪的作用。

3. 哈尔滨——濒危湿地变身雨洪公园

从 2006 年开始，位于哈尔滨中心城区松花江南岸的群力新区开始建设，总占地 27 km^2，建筑面积大约为 3 200 万 m^2，规划 13～15 年时间全部建成。一方面，该城市地处低洼平原地带，历史上洪涝频繁；另一方面，由于周边的道路建设和高密度城市的发展，导致该地区自然湿地面临水源枯竭、湿地退化并将消失的危险。因此，该地区将湿地就势转化为雨洪公园，一方面解决了新区雨洪的排放和滞留，使城市免受涝灾威胁，同时利用城市雨洪，恢复湿地系统，营造出具有多种生态服务功能的城市生态基础设施。

专栏 4-14 南京秦淮河综合整治

2008 年 10 月 6 日，秦淮河环境综合整治工程获得联合国人居署颁发"联合国人居奖特别荣誉奖"。秦淮河是南京的母亲河，是南京地区极为重要的一条天然河道，下游的内、外秦淮河流经主城最终注入长江。20 世纪 80 年代初期，外来人口和返乡知青在河道两岸私自建设了大量的违章建筑，各种污染企业也遍布于河道两侧，水体污染严重。沿河环境脏、乱、差，严重影响了南京的城市形象和市民的居住环境。2002 年 2 月，南京提出了以沿河周边土地出让收益、污水处理费等来平衡项目建设资金的方案，并成立市场化运作主体——南京市秦淮河建设开发有限公司，由其以政策来融资解决建设资金问题，随着政策的逐步落实归还贷款。十多年来，南京秦淮河建设开发公司累计投入资金约 52 亿元，有效改善了南京的城市环境，大大提升了南京的城市形象。如今的秦淮河，两岸杨柳依依，成了鸟类栖息的天堂；河中碧波荡漾，鱼儿嬉戏，游船悠悠，成为一条流动的河、美丽的河。

南京外秦淮河环境综合整治成效显著，经验值得总结。

（1）创新融资模式。秦淮河综合整治项目作为一项市政基础设施项目，具有经济效益外部性的特点，且投入巨大，资金需求集中，回收周期长。因此，通过项目的外部效益内部化，并给予项目一定的财政补贴，方可实现项目的资金平衡，为多元化融资和确保债务偿还创造条件。

（2）重视规划引领。项目实施之初，市规划局综合市建委、水利局、市政公用局、房产局、环保局、交通局、园林局以及社会各界专家学者的意见，形成了《外秦淮河环境综合整治总体规划（建议稿）》。2003年1月，南京市建委、市规划局等部门联合组织了秦淮河环境综合整治工程总体规划方案国际征集，最终确定澳大利亚巴硕公司的"情怀·秦淮"方案。高起点和高标准的规划方案，为项目成功实施打下了良好的基础。

（3）环境整治与民生改善、文化彰显相结合。一是环境整治与民生改善相结合。秦淮河整治项目突出强调为市民营造一个宜居、优美、和谐的生活环境。在环境建设上，注重以人为本、科学发展，通过增加绿地面积、完善公共服务配套、改善道路交通，营造人与自然和谐共生的环境。二是环境整治与文化彰显相结合。历史文化是城市最宝贵的财富，而千年流淌的秦淮河传承着南京主流的、丰厚的文化遗产。因此，秦淮河整治对文化的挖掘和植入工作，成为传承南京历史文脉的重要方式。

（4）市场化运作管理养护。"三分建设、七分管理"，管理比建设更为重要。为保持秦淮河整治项目的成果，在整治之初，就确定了管养资金的来源方案，在管养方式上，改变以往单纯依靠财政资金进行公益项目管养的传统，采用市场化管养模式，通过公开招标，保证了管养的质量，同时变"以费养人"为"以费养事"，减少了公司的管理成本。在资金方面，采用市场化的方式对部分沿岸用地进行商业开发和转让，既提供了旅游配套设施，也为管养工作落实了经费来源。

参考文献

陈荣顺，李东珍，陈凯伦. 毛大庆译. 清水绿地蓝天：新加坡走向环境和水资源可持续发展之路[M]. 北京：团结出版社，2013.

崔瑛，张强，陈晓宏，等. 生态需水理论与方法研究进展[J]. 湖泊科学，2012，22（4）：456-480.

蒋达. 中国城市水务产业改革的基本经验及主要问题[J]. 学习与探索，2008（6）.

矫勇，陈明忠，石波，等. 英国法国水资源管理制度的考察[J]. 中国水利，2001（3）：43-45.

可持续发展管理政策框架研究课题组，英国的流域涉水管理体制政策及其对我国的启示[J]. 国际瞭望，2011.

李成艾，孟祥霞. 生态文明视角下城市水安全评价指标体系的构建[J]. 城市环境与城市生态，2014，27（2）：5-9.

马良. 城市水环境修复技术进展与展望研究[J]. 农业与技术，2014，34（4）：57-66.

翁窈瑶，张静. 城市水环境监测预警系统的建立[J]. 安徽农业科学，2014，42（2）：532-534.

吴小伦. 明清时期沿黄河城市的防洪与排洪建设——以开封城为例[J]. 郑州大学学报：哲学社会科学版，2014（4）.

新华社. 三峡洪水过境形成垃圾[EB/OL]. [2014-09-04]. http://society.people.com.cn/n/2014/0904/c136657-25605202-2.html.

新华网. 城市因何而"渴"？——聚焦水质型缺水[EB/OL]. [2014-05-17].http://news.xinhuanet.com/2014-05/17/c_1110735035.htm.

姚勤华，朱雯霞，戴轶尘. 法国、英国的水务管理模式[J]. 城市问题，2006（8）.

余向勇. 城市环境总体规划的水环境系统研究——以宜昌为例[J]. 环境科学与管理，2014，39（1）：1-4.

张华平. 水与城市生态文明[J]. 河北水利，2008（12）：25.

郑志成，郦晓君. 内地高官罕见发声批调水工程：运行成本高且"水土不服"[EB/OL]. [2014-06-07]. http://news.takungpao.com/mainland/focus/2014-06/2521926.html.

中国华禹水务产业投资基金筹备工作组. 英国水务改革与发展研究报告[M]. 北京：中国环境科学出版社，2007：4-6.

中国环境与发展国际合作委员会. 提高水生态系统服务功能的政策框架[J]. 环境保护，2011，（B01）：62-70.

子熙. 让钓钩重新碰上鲑鱼[EB/OL]. [2007-10-15]. http://news.sina.com.cn/c/2007-10-15/161814091019.shtml.

火星网. 盘点全球最强排水系统[EB/OL]. [2014-12-12]. http://arch.hxsd.comlzt/2012/0726 paishui/.

第五章　城市固体废物管理[①]

随着经济社会的快速发展，城镇化和工业化快速推进，人们生活和消费水平的不断提高，以及消费方式的转变，我国城市固体废物产生量不断增加，种类也日趋复杂，固体废物污染引发的环境问题开始显现，影响人体健康，损害生态安全。固体废物是指人们在生产建设、日常生活和其他活动中产生的，对产生者来说是不能用或暂时不能用、要抛弃的污染环境的固态、半固态的废弃物质。按照城市固体废物产生的原因，可将其分为城市生活垃圾、工业固体废物、危险固体废物和医疗废物四个类型。本章简要梳理生活垃圾、医疗废物、电子废物和社会废物管理现状，剖析了它们的污染现状、特征以及治理的措施。

第一节　国外城市固体废物管理经验借鉴

一、城市固体废物综合管理经验

（一）欧盟国家

自 20 世纪 90 年代以来，欧盟在固体废物领域采取了多种强制性措施，发布了一系列的法律法规，主要包括《垃圾填埋指令》《垃圾焚烧指令》《车辆报废指令》《废弃物成分指令》《冶金工业废弃物管理指令》《废弃物包装改进指令》《电子电器废弃物指令》《生物废弃物绿皮书》《电池指令》等。这些法规政策以源头减量、回收和资源化利用为首要目的，构建体系较为完善的废物回收再利用系统，鼓励对生物可降解垃圾的分类收集，通过减少进入填埋场可生物降解垃圾量，减少填埋气体排放，阻止或尽可能减少废弃物掩埋对环境的消极作用。同时也对垃圾焚烧设立了严格的实施条件、技术要求和排放限制。

尽管欧盟国家的垃圾产生总量依然在上升，预计 2005—2020 年欧盟 27 国市政垃圾还将上升 25%（European Commission，2009），但是这些政策明显改变了欧盟国家垃圾处理结构和环境影响，在大幅度削减了垃圾填埋量的同时，也显著地减少了垃圾填埋和焚烧过

---

① 本章作者：于忠华。

程中的温室气体排放。1990—2007 年，原欧盟 15 国填埋过程（占废弃物领域减排量的97.2%）的温室气体排放下降了 45.1%，垃圾焚烧的温室气体排放下降了 54.1%。

1. 英国固体废物管理的经济政策

英国综合运用多种手段，从产品设计源头到废弃物的收集、分类、回收和再加工，以及末端处理等各个环节，多管齐下。主要措施有英格兰废弃物管理战略（WS2007），废弃物和资源行动计划（WRAP），垃圾填埋交易系统（LATS），垃圾填埋税（Landfill tax），垃圾填埋指令（Landfill Directive）。此外，还包括甲烷回收系统、废弃电池和蓄电池条例、车辆报废指令、危险废弃物管理战略、废旧电子电器指令、废油指令等（殷培红等，2012）。

英格兰废弃物管理战略（WS2007）主要通过鼓励采用更多的生物降解方式，鼓励回收和提高垃圾能源化利用来处理废弃物。废弃物和资源行动计划（WRAP）的目标是让它的参与者减少留在英国的碳足迹。此外，英国还大力推动产品绿色设计，如采用可持续的产品和材料等，从源头减少垃圾产生量。垃圾填埋指令（Landfill Directive）对垃圾填埋进行严格要求，对被倒入垃圾填埋场的可生物降解废弃物设置上限，同时启动垃圾填埋交易系统（LATS），其运作方式类似于碳交易。通过可再生能源配额（Renewable Obligation）政策促进填埋气回收。填埋气发电每 MW·h 可获得 0.25 个可再生能源信用额度（ROC），以抵消发电厂的减排额度。垃圾焚烧与热电联产技术结合将得到 1 ROC/（MW·h），而使用生物厌氧分解和高温分解技术可获得 2ROCs/（MW·h）。目前，通过上述措施/政策，英国有 70%的填埋气被回收用于能源供应。

垃圾填埋税（Landfill Tax）由企业和地方当局在正常的垃圾填埋税基础之上再支付，用来为垃圾填埋地点的使用付费，这样可以促进企业减少废物。2000 年初，垃圾填埋税是40 英镑/t 填埋量，2010/2011 年提高到 48 英镑。垃圾填埋税实施后，减缓了英国市政垃圾快速增长的速度。

2. 德国固体废物管理经验

德国是世界上最早以物质流系统管理思想为指导，通过构建废物回收再循环系统，发展循环经济的方式，进行固体废物管理的国家。德国的废物管理部门由 24 万人组成，并拥有年均 4 亿 t 废物处置能力和约 500 亿欧元资金流量的庞大系统。目前，德国是世界上固体废物利用率最高的国家，半数以上的城市固体废物和工业固体废物得到再次使用，部分固体废物的再循环比例更高，如废旧包装物达 77%、废电池达 72%，而纸张则高达 87%（黄海峰等，2007）。

德国的固废管理政策目标分为三个层次（图 5-1）。首先，应尽量避免废物产生；其次，在废物的产生不可避免的情况下，对废弃物进行回收利用，提取次生原材料或热能；最后，在回收利用不可能时，才以符合公共利益，特别是以与环境相容的方式对废物加以清除。在废物管理的具体政策设计和实践中，德国的固体废物管理又体现出以下五大特色（黄海峰等，2007）。

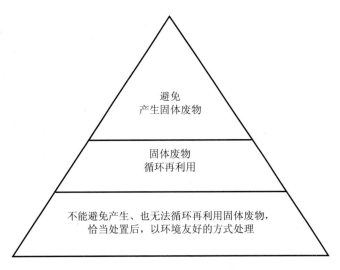

图 5-1 德国固体废物政策的目标

资料来源：德国环境部，2005。

（1）严密的法律体系

1972 年，德国颁布了第一部处理固体废物的法律——《固体废物处理法》，1986 年，德国将其修改为《固体废物法》，该法将固体废物处置从"怎样处置固体废物"转向"怎样避免固体废物的产生"。1991 年，德国首次按照"资源—产品—再生资源"的物质循环思路，制定了《包装条例》，首次提出了生产者责任制。1996 年生效的《循环经济与废物管理法》进一步强化了生产者责任制，推动了德国固体废弃物管理从末端处理向资源化循环再利用，从生产端向消费端的全过程管理转变。例如该法第 22 条规定，不仅产品生产者，而且产品研制者、再加工者、市场参与者，包括设计者、生产者、加工者、经销者、使用者均要承担相应的废物管理责任。

为了使《循环经济与固体废物法》所规定的原则和规定在相关领域得以具体化，联邦政府根据授权制定了大量的法规，包括《商业固体废物管理条例》《报废机动车法》《固体废物填埋场与长期储存设施条例》《专业固体废物管理公司条例》《避免和重新使用包装固体废物条例》《废旧电池回收和处置条例》《废旧木材管理条例》等，这些法规成为了《循环经济与固体废物法》在相关领域的延伸。

（2）完善的约束与激励机制

在市场经济的条件下，经济主体以利润最大化为目标，一定的经济措施保障了固体废物的高效处理。德国以收费和征税为杠杆，通过实施产品责任制以及制定明确的具有法律意义的废物处置定量目标，建立了一套比较完善的约束和激励机制，以引导市场参与者的废物利用和清除行为。

在收费方面，建立抵押金制度，《包装条例》对消费者和企业分别做出规定，促进消费者把特定产品的包装物返还经营者，生产者和经营者回收利用和处置包装物。据德国环境部统计，固体废物收费后，家庭固体废物堆肥增多，厨房固体废物减少了 65%。

在税收方面，对投资环保设施的企业给予较高的税收优惠。根据废物危险程度、是否可回收利用等确定税率，税收专门用于废物减少和回收利用技术开发和清理。对包装物加以回收利用的企业和经营者免税。

（3）发达的市场化机制

德国的废物管理注重发挥行业协会、企业和社会团体的力量，运用市场机制，建立废物管理市场。废物管理市场主要由处置服务市场、利用服务市场和回收服务市场组成。目前，德国拥有近 4 000 家固体废物处置企业，从业人员有 20 多万，固体废物行业年产值400 亿欧元，其中私人企业年产值占 34%。1990 年，德国率先建立了以"绿点"（DSD）为标识的"双向回收再利用系统"，其"绿点"标识已成为世界上使用最多的环境保护标识之一。1990 年，DSD 由 95 家包装工业、消费、零售民间企业组成，负责"绿点"的运作。2005 年，已发展到 1.6 万家成员公司，其中 90% 为包装公司（黄海峰等，2007）。

（4）严格的责任与惩罚机制

在《德国刑法典》和《循环经济与废弃物法》中分别建立刑事责任和行政责任的处罚条款。例如，造成《德国刑法典》第 326 条规定的法律后果的，将被处以 5 年以下监禁或罚金。废弃物清除设施的运营人，如果没有获得许可证或相关法律要求的规划批准文件，或违反了相关规定的禁止性规定，将被处以 3 年以下监禁或罚金。《德国刑法典》第 70 条还对有关违反固废管理法律规定的责任人，规定了适用 1~5 年禁止从事相关职业的罚责。

《循环经济与废弃物法》第 61 条第 1 款和第 2 款，分别列举了适用处以 5 万欧元和 1万欧元以下的违法行为。有关行政违法行为包括收集、运输、处置、清除、处置设施建造、运行、信息提供及其真实和完整性、管理记录、专职管理人员任命、拒绝监管检查等共 15种情景。

（5）有效的监督与协调机制

《循环经济与废物管理法》《废物利用和清除记录条例》和《废物平衡计划表条例》等法律法规对废弃物管理的监督作了全面、具体的规定。根据《循环经济与废物管理法》，对废物管理的监督可分为主管部门（州政府或其指定的机构或州法律规定的部门）和企业内部控制两大类，两者相辅相成，互为衔接。

主管部门的监管范围包括所有需要清除的废物，同时授权联邦政府对有害环境和人体健康以及具有高度危险性的废物清除做出特别规定，进行特别监管。监管手段主要采用事前监管（通过运输和废物利用两种行政许可）和事后监管（通过行政相对人提供监管资料、协助检查、证明材料三种方式）两类手段。

《循环经济与废物管理法》第 19 条、第 55 条、《废物平衡计划表条例》等法律法规对企业内部控制要求进行了详细规定，主要包括制定废物管理计划、建立废物平衡表和任命废物管理专职官员等强制性措施。

（二）日本

1. 完善配套的法规政策

日本提倡"最适量生产、最适量消费、最小量废弃"的经济，确立了"环境立国"的发展战略。在这种战略思想指导下，法律保障体系也不断得到完善。日本在 1970 年就制定了《废弃物处理法》，并多次修改完善；1990 年日本制纸联合会为防止二噁英类物质的污染，制定了纸浆制造业自主限制方针；1991 年制定了《再生资源使用促进法》；1995 年，制定了《关于促进容器包装分类收集及再商品化法律》（1997 年实施）；1998 年制定了《特定家庭用电器再商品化法》（2001 年 4 月实施）；2000 年制定了《推动建设资源再循环型社会基本法》《建筑工程材料再循环法》《食品循环资源再生利用促进法》等（2001 年开始实施）。

2. 切实可行的削减目标

无论是长期的垃圾削减目标，还是每年具体的削减数量，日本《环境白皮书》公布的资料都是清晰的、确定的。比如"一般废弃物排出量的推移""一般废弃物的最终处理场地的剩余容量和剩余年数的推移""一般废弃物的循环率的推移""无法投弃件数及数量的推移""容器包装占一般废弃物总量的比率""一般废弃物的构成"等信息，都有每年的具体数据。环境保护部门及时对这些信息的公布，不仅可以使研究者能及时准确地获取可靠的资料，同时也便于民众能了解这方面的信息，有助于提高民众的环境保护意识。

3. 贴近居民的回收方式

日本政府建立了一套合理的垃圾分类回收系统。如佐仓市下设环境课，专门负责回收垃圾，给每个居民家庭下发图文并茂、通俗易懂的"垃圾回收日历"，如图 5-2 所示。按照日历中的要求，居民在家中将生活垃圾分类完毕，日历规定每个月的某个星期的某一天专门回收可燃物、不可燃物以及其他的类别，居民对此一目了然。这种系统化、制度化的回收系统从设计时的考虑到具体的实施步骤都十分细致，对于每个环节的管理，均行之有效。

打开东京都武藏野市政府网站，你能找到一份"垃圾·资源收集日一览表"，分别有日语、中文、英语等多个语言版本。在这份资料上，武藏野市政府将垃圾分为可燃烧垃圾、瓶子、空罐、旧纸旧衣服、有害垃圾、塑料软瓶等多个种类。此外，一览表还对某些垃圾的弃置方法作出了细致的要求，如"雨伞应将其一半以上放入市内指定的垃圾处理袋，并拴紧后扔弃""取下饮料软瓶的盖子和标签，扔弃时请稍微清洗后将其压瘪"等。在武藏野市政府网站上，自 2012 年 3 月 1 日起设置"环保公告牌"（武藏野 ekobo）。市民可以在公告牌，对一些准备丢弃的生活用品进行转让，以充分利用资源、减少垃圾量。

图 5-2　日本垃圾回收彩色日历

表 5-1　日本都武藏野市垃圾·资源收集日一览表

地区	周一	周二	周三	周四	周五
吉祥寺东町、本町 1 丁目	烧的垃圾	瓶子，罐子，废纸，旧衣服，有害废物	塑料瓶，其他塑料容器，包装	烧的垃圾	第 1、第 3 个周五：不烧的垃圾
吉祥寺本町 2、3、4 丁目、南町、中町、北町，御殿山	烧的垃圾	第 1、第 3 个周二：不烧的垃圾	塑料瓶，其他塑料容器，包装	烧的垃圾	瓶子，罐子，废纸，旧衣服，有害废物
西久保、关前、境南町、边界 1 丁目、3 丁目	塑料瓶，其他塑料容器，包装	烧的垃圾	第 2、第 4 个周三：不烧的垃圾	瓶子，罐子，废纸，旧衣服，有害废物	烧的垃圾
绿町、八幡町	第 2、第 4 个周一：不烧的垃圾	烧的垃圾	塑料瓶，其他塑料容器，包装	瓶子，罐子，废纸，旧衣服，有害废物	烧的垃圾
边界 2 丁目、4 丁目、5 丁目、樱堤	瓶子，罐子，废纸，旧衣服，有害废物	烧的垃圾	塑料瓶，其他塑料容器，包装	第 2、第 4 个周四：不烧的垃圾	烧的垃圾

资料来源：根据日本东京都武藏野市政府官网上提供关于垃圾分类的资料整理。

（三）加拿大安大略省

加拿大早在 1990 年就提出垃圾减量化管理，并在安大略省（简称安省）收到了明显效果，他们主要从政策法规、机构设置、措施、宣传教育等方面来推进。

1. 政策法规和机构设置

减量化政策。20 世纪 90 年代初，对生活垃圾实施"3R"（Reduce，Reuse and Recycle）法规，要求包装生产企业和进口商必须尽量减少包装材料的使用；各地方政府、社会公众组织和企业最晚不得超过 1996 年 7 月开始参与回收再利用项目的活动；居民人数超过 5 000 的自治市提供垃圾回收和家庭堆肥服务，居民人数超过 50 000 的自治市必须通过社区堆肥来减少树叶和庭院垃圾的产生。

2002 年安省颁布了新的《垃圾转移法》。按照生产者责任延伸原则，省环境部长有权以管理条例的形式指定某一类需要建立回收处理的废弃物，并要求废物回收公司负责回收处理，废物回收公司则根据废物回收法的要求推动相关行业基金组织（IFO）的建立及指定废物回收处理。通过十多年的努力，以 1987 年为基准，安省垃圾减量化率从 1996 年的 21.5%上升到 2002 年的 28%，垃圾减量化效果明显。

管理部门和机构设置。安省环境部（Ministry of the Environment，MOE）负责全省的垃圾减量和回收。安省垃圾转移委员会（Waste Diversion Ontario，WDO）职责是规划、实施和运行垃圾减量活动，WDO 受 MOE 监管，与生产和流通企业合作，采取各种有利于减少垃圾产生的措施。安省企业联合会（Stewardship Ontario）针对那些产品中含有家庭使用的包装材料和打印纸的企业，要求这些企业承担安大略省蓝色桶回收活动费用的 50%，企业也必须在联合会中登记并履行其义务。

环境登记（Environmental Registry）。环境登记是安省政府重要环境提议和决策数据库的网站，由环境部管理。无论是新的提议，还是改变现存的或者是废除现存的，环境部都必须在环境登记网站上通知公众，听取公众的意见，以便让公众参与到政府决策中来。

在垃圾减量化管理过程中，首先环境部决定哪些垃圾成分应被指定在该法实施范围内，WDO 根据环境部的要求，和企业联合会合作提出垃圾减量化措施和项目计划，并上报环境部，环境部将计划放在环境登记网站上公示；听取公众意见和经环境部长批准后，才能开始实施，并在 WDO 网站上对外公布。

2. "蓝色桶"垃圾回收系统

安省采用的"蓝色桶"回收系统是北美最大的家用回收系统。如今已被加拿大其他各省效仿采用。2002 年安省居民垃圾减量化中的 58%，是通过蓝色桶项目实现的。具体地说，就是政府向每家每户提供一个蓝色桶，用来回收报纸、玻璃、瓶罐和塑料容器等。在安省，该回收系统进入了 520 个市的 340 万户家庭，占安大略省总家庭数的 80%以上。每星期，人们把蓝色桶与垃圾袋一起放在路边。蓝色桶里的垃圾会被一辆专用垃圾车收走，运到市政垃圾分选厂，经过分选、包装，出售给垃圾处理行业。2002 年安省居民印刷纸和包装材料垃圾的产生量约 157.8 万 t，回收利用约 72.7 万 t，回收率为 46%，其中印刷纸和玻璃包装回收率近 60%，钢包装回收率近 50%，包装纸和铝包装回收率 40%，包装塑料回收率最低，约 13%。这些废弃物的回收主要是由"蓝色桶"路边回收系统完成，通过垃圾站回收部分只占回收总量中的 7%。

3．多样化的垃圾减量宣传教育

在安大略省，垃圾减量宣传渠道包括网站、广播宣传、电话交谈节目、家庭邮寄宣传单等；垃圾收运司机也参与到公众教育，如果在收集垃圾时，司机发现住户没有正确分类处理，会留下留言条提醒和指正；小学和中学设置学校环境教育协调员，教育孩子从小形成环境友好的行为和生活习惯。

垃圾管理情况公开，让社会来共同参与监督。如垃圾处理费用、垃圾对环境的污染和危害、政府正在开展的减量化措施和活动。

宣传材料内容通俗、易懂。如通过免费赠送给每户居民的彩色日历，在日历上用彩色图标和图片标注，使人们清楚哪些是可回收、哪些是不可回收垃圾，并且了解如何正确处理垃圾，应该何时把何物放在何处，使垃圾减量化各项活动得以良好执行。

二、国外城市垃圾的末端处置经验

（一）主要处置技术介绍

国内外垃圾处置方法多种多样，主要有填埋、堆肥、焚烧三种方法。其各自特点、优缺点对比如表 5-2 所示。

表 5-2　三种主要垃圾处置方式对比分析

	填埋型	堆肥型	焚烧型
工艺特点	处理量大，操作简单，能处理各种类型废弃物，垃圾处置的主要方式	利用微生物对有机废物进行分解腐熟作用，将不同类型有机质转变为稳定有机质，垃圾减量 1/4～1/3	使垃圾在高温下进行燃烧，减量化明显，超过 90%
环境影响	简易填埋存在二次污染，对周围环境有影响；填埋气、渗滤液需处理，操作环境差	可实现无害化，对周围环境有影响；约 25% 的残渣需要处理；操作环境差	可实现无害化，对周围环境影响小；二噁英污染；污水需要处理；操作环境差
经济效益	简易填埋费用低；卫生填埋费用较大；征地费用高；运输需要多次周转	处理费用一般；场地费用一般；运输费用低	处理费用低，征地费用一般；设备投资高；场地使用少
资源利用	产生沼气可以利用；封场后可改造成绿地、公园、牧场、农田	可做肥料，经济效益差	蒸汽利用，余热发电，成本高；金属回收；残渣利用

垃圾填埋处理方法是一种最通用的垃圾处理方法，随着城市垃圾量的增加，靠近城市的适用的填埋场地越来越少。堆肥既解决垃圾的出路，又可达到再资源化的目的，但是生活垃圾堆肥量大，养分含量低，长期使用易造成土壤板结和地下水质变坏，堆肥的规模不易太大。焚烧处理的减量效果好（焚烧后的残渣体积减少 90% 以上，重量减少 80% 以上），

处理彻底。焚烧过程产生的热量用来发电，还可回收铁磁性金属等资源，可以充分实现垃圾处理的资源化，是世界发达国家普遍采用的一种垃圾处理技术。

表 5-3 焚烧发电厂址选择影响因素

项目	内容
外部条件因素	（1）垃圾供应条件；（2）供水及排水条件；（3）电力条件；（4）交通运输条件；（5）城市规划要求等
环境保护因素	（1）本地区大气的本底浓度；（2）烟气的扩散能力；（3）处在城乡的风向位置；（4）对水源、大气、土地污染的情况；（5）是否处在保护名胜古迹、风景园林的防护范围内；（6）是否处在影响重要的矿藏资源开采地段等
安全因素	（1）与附近机场的距离是否满足保护机场的净空规定；（2）强弱电、噪声、废热、废气等是否对附近重要设施有干扰；（3）是否处在爆破危险范围内；（4）是否处在采矿崩塌范围内；（5）是否处在有放射性物质侵染的地区；（6）是否处在可能因水坝等毁坏受冲毁的下游地区；（7）厂址标高是否处在计算洪水位以下而设防又十分困难的地区；（8）是否处在设防烈度在 9 度以上等其他不良的自然及地质现象的地段
满足生产的功能因素	（1）总体的规划布局情况；（2）人流、物流、车流规划的情况；（3）生产过程中运输情况；（4）施工组装场地等施工条件满足情况；（5）是否满足扩建要求；（6）职工的生产生活条件满足情况等
社会因素	（1）群众的意见；（2）与邻近企业的协调关系等
经济效益因素	（1）投资情况；（2）运行费用情况等经济因素

资料来源：金宝生. 生活垃圾焚烧发电厂的厂址选择探讨. 华东电力，2008，36（12）：1588-1591.

但是，焚烧厂的投资大，处理成本较高。在多数情况下，垃圾发电产生的价值远远低于运行成本，焚烧对垃圾的热值有一定要求，一般不能低于 5 000 kJ/kg，限制了它的应用范围。焚烧过程中产生的二噁英以及燃烧后的飞灰的处理，必须投入较大的资金才能解决。当前焚烧厂的选址还存着民众不理解的问题。

（二）发达国家生活垃圾处置情况

1. 填埋情况

国外垃圾填埋技术很成熟，在多数国家城市生活垃圾处理以填埋为主。但是在欧盟和日本，在垃圾减量化和一系列严格限制填埋的政策引导下，填埋方式比例大幅度下降。2000年的日本垃圾填埋比例只有 23%。2007 年，原欧盟 15 国市政垃圾产生量中填埋量不到 2/5，回收量超过填埋量，见图 5-3。英国 2000 年时垃圾填埋比例占 83%，到 2007 年，大约只有不到 1/2 的市政垃圾以填埋方式处理，且垃圾焚烧率很低。德国 2000 年时垃圾填埋比例占 68.9%，但是到 2007 年，已基本没有垃圾填埋这种处理方式了，回收率明显高于垃圾焚烧比例。

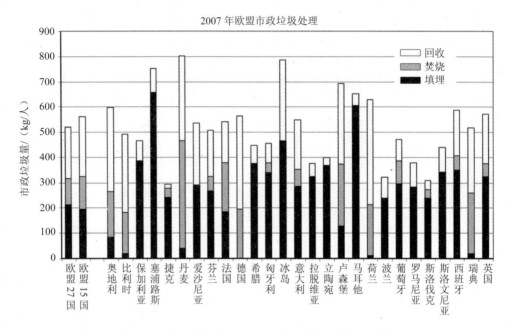

图 5-3　2007 年欧盟 27 国人均市政垃圾排放和处理量

注：市政垃圾回收量计算是将总垃圾产生量减去垃圾焚烧和填埋量。

专栏 5-1　韩国世界杯公园

　　为迎接 2002 年世界杯足球赛，韩国在首尔兰芝岛兴建了面积约 350 hm² 的世界杯公园。这里曾经是首尔地区倾倒生活垃圾和建筑垃圾的主要场所，在 1978—1993 年垃圾越堆越多，形成了两座高 90 多 m、面积 50 多万 m²、重约 9 200 万 t 的垃圾山。

　　自 1994 年起，首尔开始对垃圾山进行改造。为了防止垃圾堆积场上雨水的渗入，在山上铺置了胶膜，填埋了新土，年复一年地在山上种草，在山坡和山脚下植树。为了利用垃圾产生的沼气和净化被污染的水质，人们环绕两座垃圾山修建了 6 km 多长的隔水墙、31 处积水亭和 106 个沼气孔道，在两座垃圾山之间建造了渗水处理厂和热力供应站，成为 2002 年世界杯体育场和楼房的取暖热源。据测算，这两座垃圾山所产生的沼气可供首尔市现状人口使用 20 年。

　　世界杯公园实际上是由两座垃圾山为中心的 5 个公园组成，除兰芝汉江公园与和平公园外，其他三个公园场地均有严重污染。

　　夕阳公园原为兰芝岛第一垃圾填埋场，待垃圾山土壤安定化后，改造成兼具生态功能的高尔夫球场。为改良土壤，球场的土壤首先需注入有施肥效果的微生物，并控制农药和化肥用量，其次选择耐旱草种，减少养护灌溉。球场外其他部分为生态观察区和野生植物区。蓝天碧草公园是岛上第二垃圾填埋场，是土壤污染最严重地区，从 2000 年起以此为中心，共放生了 3 万多只蝴蝶助于植物传粉，以促进岛上生态系统的进一步稳定。兰芝川公园的河道受垃圾渗沥液污染严重，通过客土重填得到了彻底改观，河道四周长满芦苇和柳树，呈现出一派优美的自然风光，公园内还设置了多种运动场所和自然生态展示区。

2. 堆肥情况

近年来，垃圾的再生利用在欧美发达国家的城市生活垃圾处理中极为普遍。在美国，由于禁止庭院垃圾填埋处置条例的实施，庭院垃圾堆肥处理厂发展很快，1996 年全美国庭院垃圾堆肥处理场达到 3 400 座，比 1988 年增长了 4 倍以上。由于欧洲推行"填埋税"，使得垃圾填埋处理的费用明显提高，加之实施新的标准，对进入填埋场的有机物含量作了限定，欧洲大陆的大型垃圾堆肥场从 1990 年的 87 座增加到 1996 年的 684 座。英国的垃圾堆肥场也从 1990 年的 4 座增加到 1996 年的 57 座。至 1999 年德国共有垃圾堆肥场 550 座，堆肥设施年处理垃圾约 650 万 t。

3. 焚烧情况

1870 年，世界上第一台垃圾焚烧炉在英国投入运行；1895 年，德国汉堡建成了世界上首座固体废物发电厂；1905 年美国纽约建成了第一座城市垃圾和煤混烧的发电厂。目前，美国已有 1 500 余台垃圾焚烧设备，最大的垃圾发电厂日处理垃圾 4 000 t，占垃圾处理量的 17%；德国已有 50 余座从垃圾中提取能源的装置及十多家垃圾发电厂，并且用于热电联产，有效地对城市进行供暖或提供工业用气；法国共有 300 余台垃圾焚烧炉，可处理 40% 的城市垃圾。

（三）国内城市生活垃圾处置情况

1. 填埋情况

填埋是我国目前大多数城市解决生活垃圾的最主要方法。2005 年底全国共有 365 座生活垃圾填埋场，约 85% 的城市生活垃圾采用填埋处理，从整体而言，仍然处于比较传统的粗放的垃圾填埋处理处置阶段，相当一部分城市由于受经济技术条件限制，对城市垃圾基本上不经任何处理，采取城外自然填沟、填坑的原始方式进行简单的露天堆放，造成了日益严重的垃圾围城现象。

2. 堆肥情况

虽然堆肥技术取得了突破，但是经济效益较差而处理应用较少。20 世纪 50—60 年代，采用野外堆积式堆垛，用土覆盖保温，以自然通风或厌氧发酵，经人工筛分或振动筛筛分生产堆肥；70—80 年代，国家对垃圾堆肥技术的开发给予了一定支持，涌现了许多新工艺、新技术，研制出一批城市生活垃圾处理的专用堆肥机械，在发酵理论的形成、参数的验证、发酵仓构造、分选机的研制等方面均取得了丰硕成果；90 年代后堆肥处理进一步发展，至 2000 年，全国堆肥厂已由 1991 年的 26 座发展到 50 座，堆肥处理量约占垃圾总量的 5%。

3. 焚烧情况

焚烧法目前在我国处于起步阶段，且仅限于大中型城市。1984 年开始筹建国内第一座大型生活垃圾焚烧处理设施——深圳市市政环卫综合处理厂，于 1988 年 11 月投产，1996 年该厂又进一步扩大了规模。1992 年珠海市垃圾发电厂开始筹建三台生活垃圾焚烧炉和一套发电机组，现已投入运转。上海先后开始建设浦东垃圾焚烧厂和江桥垃圾焚烧厂。2008 年，北京市第一座大型现代化垃圾焚烧处理厂——北京高安屯生活垃圾焚烧厂建成。

目前，我国多数的燃烧设备均由国外引进，由于我国城市生活垃圾的成分与国外相差较大，且其热值较低、变化范围较大。因此，部分焚烧炉实际运行效果并不理想。而且由于二噁英污染等的存在，选址成为一大难题。

专栏 5-2   邻避效应

邻避效应（Not In My Back Yard，NIMBY）是指居民或当地单位因担心建设项目（如垃圾场、核电厂、殡仪馆等邻避设施）对身体健康、环境质量和资产价值等带来的负面影响，从而激发人们的嫌恶情结，并采取的集体反对甚至抗争行为。由邻避效应又衍生出"奈避效应"（Not In Anybody's Back Yard，NIABY），意思是指一些所有地区的居民都会反对在其社区内进行的发展计划。

利益失衡是邻避效应的主要原因。公共设施的外部性成本主要由邻近地区的居民承担（或是直接有害，或是间接导致资产受损），福利和效益却由全社会共享，使周边民众感到在成本-收益上不平衡，进而引起心理失衡。此时，不让项目建在自家附近就成为当地居民的直觉选择。

目前邻避型群体性事件中，污染类和风险集聚类发生的冲突较多，污名化类与心理不悦类的发生情况相对少。

邻避效应的类型

主要类型	基本含义
污染类	在运行过程中可能产生空气、水、土壤及噪声污染等的设施（如高速公路、市区高架、垃圾处理设施、污水处理设施），因具有潜在危险性或污染性导致民众反对
风险集聚类	该类设施风险高,发生概率低,但一旦发生风险必然造成巨大的人员和财产损失(如变电站、加油站、加气站、发电厂、核电站等)，因而引致的民众反对情形
污名化类	由于对于某些群体的污名化，造成对于该类人群集聚的设施（如戒毒中心、精神病治疗机构、传染病治疗机构、监狱、社会流浪人员救助机构）产生的反对情况
心理不悦类	令人心里感到不悦的设施类型（如火葬场、殡仪馆、墓地），具有满足社会需求的服务功能，但令附近住户感到不舒适，为了防止可能产生实质或潜在伤害身体或财产的威胁而发起的抗议

第二节   我国城市生活垃圾的管理现状与对策

一、城市生活垃圾的管理现状

城市生活垃圾是指在城市日常生活中或者为城市日常生活提供服务的活动中产生的固体废物。包括：有机类，如瓜果皮、剩菜剩饭；无机类，如废纸、饮料罐、废金属等。

（一）我国城市生活垃圾管理面临的问题

1. 城市生活垃圾产生数量剧增

2011 年，我国城市生活垃圾清运量为 1.64 亿 t，随着城镇化率和经济生活水平提高而呈缓慢增长态势，在 2000—2011 年年平均增速在 3%左右（图 5-4）。2000—2011 年，我国城市人均生活垃圾清运量略有变化，但基本保持年平均在 240 kg/人以上，相当于每天 0.67 kg/人（图 5-5）。预计未来 10 年我国城镇化率水平有望保持年增 1 个百分点左右的水平，在人均生活垃圾清运量不变的情况下，未来 10 年国内城市生活垃圾清运量有望保持 1.5%～2%的增长。

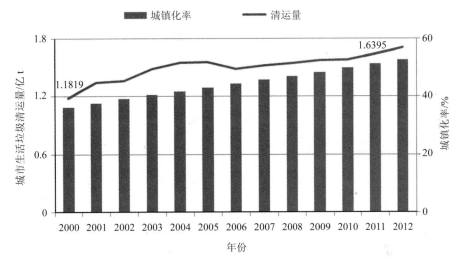

图 5-4　我国历年城市生活垃圾清运量及城镇化率

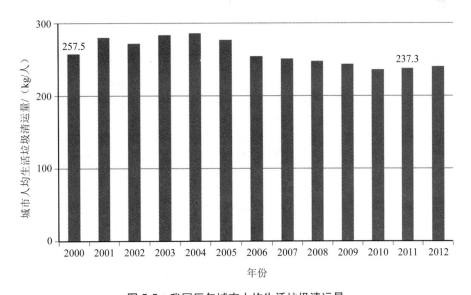

图 5-5　我国历年城市人均生活垃圾清运量

2．分类回收利用体系不健全

我国城市生活垃圾处理产业起步较晚，法律法规和运行机制不够完善。目前，我国的城市生活垃圾分类回收管理不到位，回收利用体制机制不健全，城市生活垃圾资源化利用严重不足。与发达国家相比，我国还存在着较大的差距。德国和加拿大等发达国家在 20世纪 70 年代就开始实施生活垃圾分类，已经形成了一套完整有效的垃圾分类回收利用服务系统和政策法规体系。2005 年，德国废旧包装物回收利用率达 77%，纸张回收利用率为87%，废电池为 72%。而我国由于垃圾分类混乱，回收利用受到了很大的限制，而且垃圾回收利用的监管不足。

3．固体废物源头减量化意识薄弱

城市生活垃圾源头减量不够重视。很多发达国家在多年的垃圾管理经验中已经充分认识到，从城市生活垃圾产生的源头上积极控制可以有效地减轻城市生活垃圾处理的难度。我国近年来积极倡导建设节约型社会，从政策上努力引导人们减少垃圾排放，但实施效果不够明显。我国的城市生活垃圾仍以每年 8%～10%的速度递增，这一方面和我国加快城镇化进程有关，另一方面也凸显了我国城市居民垃圾排放的随意性和粗放化。

4．城市生活垃圾处置方式以简易填埋为主

填埋是目前我国大多数城市解决生活垃圾出路的最主要方法。填埋法需要选择合理的堆放场地，以底层做防渗处理后，将垃圾分层填埋，压实后顶层覆盖土层，使垃圾在厌氧条件下发酵，以达到无害化处理的目的。简单填埋法处理方法简单，近期处理成本低，但是占地面积大，随着人类生活垃圾的不断增多，可供填埋的场地越来越少，目前可用的填埋场也大多地处偏僻，运距较远。许多城市深受"垃圾围城"的困扰。

（二）城市生活垃圾管理不当的危害

随着人民生活水平的提高，生活垃圾的排放量不断增加，但是堆放和处置场地却日益减少，垃圾处置的费用也越来越高，如果处置不当，不仅会浪费大量的宝贵资源，还容易导致大气、土壤、水体的严重污染。

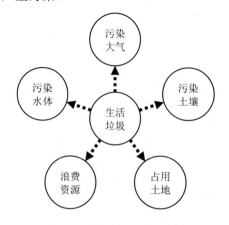

图 5-6　城市生活垃圾的危害

1．增加矿产资源浪费，占用宝贵的土地资源

垃圾是一种放错了地方的资源，如果能够充分利用它，不仅可以节约宝贵的土地资源，也会产生巨大的经济利润和生态效益。

据统计，1 t 废塑料可生产 0.37～0.73 t 油，每回收 1 t 饮料瓶塑料可获利润 8 000 元。每回收 1 t 废纸，可造好纸 0.85 t，节省木材 3 m³，节省碱 300 kg，比等量生产好纸减少污染 74%。利用碎玻璃再生产玻璃，可节能 10%～30%，减少空气污染 20%，减少采矿废弃的矿渣 80%。利用废电池可回收镉、镍、锰、锌等宝贵的重金属，同时可减少重金属对环境的污染及对人体健康的危害。每回收 1 t 废钢铁，可炼好钢 0.9 t，可减少 75% 的空气污染、97% 的水污染和固体废物，比用矿石炼钢节约冶炼费 47%。每回收 1 t 厨余垃圾，可生产 0.6 t 有机肥，也可生产垃圾燃料，作为发电、供热的燃料。

垃圾分类就是在源头将垃圾分类投放，并通过分类清运和回收使之重新变成资源。这样做的好处显而易见，垃圾分类后被送到工厂而不是填埋场，既省下了土地，又避免了填埋或焚烧所产生的污染，还可以变废为宝。

专栏 5-3　城市是可回收金属的仓库

日本虽然是一个自然资源禀赋很差的国家，但是在其工业发展中大量使用世界金属资源，现在大部分积蓄在产品和废弃物中。如果从资源循环再利用角度看，这种富集过程给日本留下了巨大的矿产财富，也使得日本成为一个资源大国。日本东北大学选矿精炼研究所教授提出"城市矿山"概念。他们指出，城市里积累在电子电器、机电设备产品和废料中的可回收金属"蕴藏量"丰富。日本国内黄金可回收量为 6 800 t，占现有总储量 42 000 t 的 16%，超过世界黄金储量最多的南非；银的可回收量达 6 000 t，占世界总储量的 23%，超过储量世界第一的波兰；稀有金属铟是制造液晶显示器和发光二极管的原料，目前面临资源枯竭，日本可回收的蕴藏量占世界自然储量的 38%，居世界首位。

2．污染周边的水体、大气和土壤

城市生活垃圾和其他固体废物如果处理和管理不当，其所含有害成分将通过多种途径进入水体、大气或土壤，对生态系统和环境造成多方面的危害。

对水体的污染。如果将城市生活垃圾和其他固体废物直接排入河流、湖泊等地，或是露天堆放的废物经雨水冲刷被地表径流携带进入水体，或是飘入空中的细小颗粒通过降雨及重力沉降落入地表水体，水体都可溶解出有害成分，污染水质、毒害生物。有些简易垃圾填埋场，经雨水的淋滤作用，或废物的生化降解产生的渗沥液，含有高浓度悬浮固态物和各种有机与无机成分。如果这种渗沥液进入地下水或浅蓄水层，将导致严重的水源污染，而且很难得到治理。

对大气的污染。城市生活垃圾和其他固体废物在运输、处理过程中如果缺乏相应的防护和净化措施，将会造成细末和粉尘随风扬散；堆放和填埋的废物以及渗入土壤的废物，经过挥发和化学反应释放出有害气体，都会严重污染大气并使大气质量下降。例如，生活

垃圾填埋后，其中的有机成分在地下厌氧的环境下，将会分解产生二氧化碳、甲烷等气体进入大气中，如果任其聚集会引发火灾和爆炸的危险。垃圾焚烧炉运行时会排放出颗粒物、酸性气体、未燃尽的废物、重金属与微量有机化合物等。

对土壤的污染。城市生活垃圾和其他固体废物长期露天堆放，其有害成分在地表径流和雨水的淋溶、渗透作用下通过土壤孔隙向四周和纵深的土壤迁移。在迁移过程中，有害成分要经受土壤的吸附和其他作用。由于土壤的吸附能力和吸附容量很大，随着渗滤水的迁移，使有害成分在土壤固相中呈现不同程度的积累，导致土壤成分和结构的改变，进而对土壤中生长的植物产生污染，污染严重的土地甚至无法耕种。

有些国家将工业废物、污泥与挖掘泥沙排入海洋进行处置，这对海洋环境引起各种不良影响。有些倾倒废物的海区已出现了生态体系的破坏，如固定栖息的动物群体数量减少。来自污泥中过量的碳与营养物可能会导致海洋浮游生物大量繁殖、富营养化和缺氧。微生物群落的变化会影响以微生物群落为食的鱼类的数量减少。从污泥中释放出来的病原体、工业废物释放出的有毒物对海洋中的生物有致毒作用。这些有毒物再经生物积累可以转移到人体中，最终影响人类健康。

3. 影响到人居环境质量和社会稳定

我国正处于固体废弃物产生量高速增长的时期。随着人口持续增长、消费水平提升及工业生产等逐年增长，我国固废产生量大幅度增长，2001 年我国固废产生量为 10.2 亿 t，到 2013 年已达约 34.5 亿 t，年均增长率超过 11%。近 10 年来，城市垃圾产生量年平均增长近 10%。城镇垃圾 80%以上采取填埋处理（2010 年全国城镇生活垃圾累计埋存量已超过 70 亿 t）。中国 60%以上的大中城市陷入垃圾包围之中，县城垃圾的处理问题也日益突出。根据 2013 年的人口数据，城镇化水平每提高一个百分点，城镇生活垃圾产生量将新增 598 万 t（按人均年产生量 440 kg 估算），城镇工业固废产生量将新增 6.1 亿 t（按人均年产生量 4.48 t 估算）。

在高速城镇化过程中，我国很多城镇生态系统不堪重负，为缓解自身生态压力，把污染物直接向农村转移与扩散。90%以上的城市垃圾在郊外或农村堆放或填埋，截至 2011 年累计堆放或填埋量超过 60 亿 t，逐渐污染周围农村的水、土壤与大气环境。垃圾处理厂、填埋厂的选址以及生产过程中的环境影响问题，已经成为引发社会群体事件的重要因素之一。

二、城市生活垃圾的管理对策

（一）强化法律法规建设

我国目前有关城市生活垃圾管理的法律还不够完善，应加快修订相关法律法规，完善相关管理制度。地方政府积极发挥职能作用，制订和完善具体的地方生活垃圾处理相关法规和标准，使有关部门能够依法加强管理，规范生活垃圾处理行为。此外，地方政府还要重视法律、法规的落实和检查督促工作，制订一定的奖惩制度。在针对生活垃圾开展的管理工作中采取奖惩并举、奖励为主、惩罚为辅的原则，使法律、法规能够真正落到实处。

改革环境经济政策。改革管理体制，加快市场化运作。为提高城市生活垃圾的管理效率，必须优化改革现有的管理体制，明确划分各部门的职责范围。同时，对于生活垃圾的管理要做到"政企分开"，政府部门应转变职能，主要参与政策制定和监督管理工作，垃圾的清运处理工作逐渐从政府部门剥离，推向市场，由社会相关企业承包垃圾的清运处理，垃圾产生者向处理公司支付一定的处理费用，而政府无需再提供大量垃圾清运、处置的财政补贴，垃圾处理公司实行市场化运作。

（二）加大处置设施建设

根据城镇人口规模、功能布局等，同步配套建设垃圾分类收集处理、危险废物处置等环保设施，加强城镇环境基础设施运营管理。按照《国务院关于加强城市基础设施建设的意见》的要求，加强城市生活垃圾处理设施建设。以大中城市为重点，建设生活垃圾分类示范城市（区）和生活垃圾存量治理示范项目。加大处理设施建设力度，提升生活垃圾处理能力。提高城市生活垃圾处理减量化、资源化和无害化水平。到 2015 年，36 个重点城市生活垃圾全部实现无害化处理，城市生活垃圾无害化处理率达到 90% 左右；到 2017 年，城市生活垃圾得到有效处理，确保垃圾处理设施规范运行，防止二次污染，摆脱"垃圾围城"困境。

（三）加大公众参与力度

城市生活垃圾处理公众参与机制急需建立与完善。一方面是由于当前生活生态环境日益恶化的现状所要求的，另一方面是由于公众对于环境的要求也在不断提高，急需社会各个方面的动员与支持。

首先，需要提高公众参与城市生活垃圾治理的意识。国家应从战略的高度制定公众参与城市生活垃圾治理的规划，通过广泛的多渠道宣传教育，引导广大公众积极主动地参与城市生活垃圾治理，引导公众对城市生活垃圾进行分类回收，从而从源头上治理城市生活垃圾。

其次，扩宽公民获悉城市生活垃圾治理信息的途径。利用门户网站、即时通讯工具和自媒体等手段为公众提供城市生活垃圾收集、运输和处理等信息；鼓励社会组织监测和发布城市生活垃圾环境信息。

第三是丰富城市生活垃圾治理公众参与的方式。对城市生活垃圾制造者收费是公众间接参与城市生活垃圾治理的一种方式，合理的收费机制不仅可以降低城市生活垃圾总量，而且可以调动公众更广泛地参与垃圾回收和资源循环利用。城市生活垃圾也是一种可利用的资源，可以创造经济价值，具有极大的投资潜力。鼓励民间资本投资城市生活垃圾产业既能拓宽民间资本的投资渠道，又能减轻政府的财政压力，更可以增强企业与政府在城市生活垃圾循环利用方面的竞争与合作。环保公益组织有广泛的群众基础，也是政府工作的帮助者、监督者和推动者。我国的城市生活垃圾治理主体应是多层次的，不仅需要政府、市民的介入，还应当鼓励环保公益组织这种强有力的公众力量的加入。

第三节　城市危险废物处理经验与对策

危险废物是固体废物管理的重点，是近年来在环境保护中日益受到重视的领域。危险废物具有毒性、反应性、易燃性、腐蚀性、感染性等危险特性。对人类健康和环境造成重大危险或有害影响的危险废物产生量呈逐年递增趋势，目前危险废物处置的方式以综合利用、贮存和安全处置为主。

一、医疗废物

医疗废物是指医疗卫生机构在医疗、预防、保健以及其他相关活动中产生的具有直接或者间接感染性、毒性以及其他危害性的废物，是一种影响广泛、危害较大的特殊废弃物。

医疗废物中含有大量的致病菌、病毒、放射性物质和多种的化学毒物，具有极强的传染性、生物病毒性和腐蚀性，其病毒、病菌的危害性是普通生活垃圾的几十、几百甚至上千倍，对医疗废物的疏忽管理、处置不当，不仅会污染环境，会造成对水体、大气、土壤的污染，而且可能成为传播病毒的源头，导致传染性疾病的流行，直接危害人们的人体健康。

（一）我国医疗废物的现状与技术

据国家卫生和计划生育委员会发布的《2013 年卫生和计划生育事业发展统计公报》数据的测算，2013 年末，全国医疗卫生机构床位 618.2 万张，全国医院病床使用率 89.0%。按照平均每个床位每天产生医疗废物 1 kg 计算，2013 年全年的医疗废物总量约为 200.8 万 t。通过对过往 10 年全年的医疗废物总量估算，具体如图 5-7 所示，可以看出医疗废物数量呈逐年上升趋势。

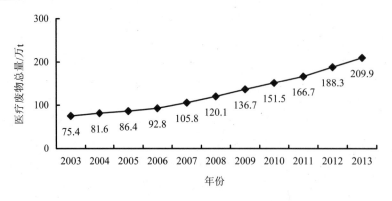

图 5-7　我国历年医疗废物总量

随着医疗废物数量的上升，政府对医疗废物处理的投资明显不足，集中处理的能力偏低，大部分的医疗机构进行自行分散处理，一般采用不定期焚烧。焚烧炉制造简单，不能适应医疗废物处理的热值和成分变化大的特点，没有烟气净化装置，容易导致二次污染。

当前我国医疗废物法律法规的实施者涉及卫生防疫、城市环卫和环境保护等部门，职责不清，协调有效的监管体系和运行机制还未建立起来，没有具体的管理细则，所以在管理上存在空白点和盲点，没有实现医疗废物的收集、储存、运输、处置的全过程跟踪监管，缺乏有效的监督管理机制。

医疗废物处置技术主要包括：卫生填埋法、高压蒸汽灭菌法、化学消毒法、电磁波灭菌法、高温焚烧法（以回转窑、热解焚烧炉、炉排炉以及新型等离子体法等）。

表 5-4　主要医疗废物处理方法比较

技术	优点	缺点
高温焚烧	减容及减量效果最佳；消毒彻底；需要空间适中；可控制空气污染物排放；可处理所有种类医疗废物；集中处理规模可大型化	不可燃物无法减容，例如灰、金属等；环境因素会使操作相当复杂；需要训练有素的操作员；不可燃物和燃烧后的飞灰可能造成处理上问题；需要辅助燃料；运行成本较高
化学消毒	可以减少体积80%左右，但是重量略有增加；废弃物的外观及形式将有所改变	废液中含有高浓度的氯化物；废液中含有高浓度的金属和有机物质；排放出的物体易受到环保法规的管制；磨碎机的噪声大；高浓度的氯化物会造成职业安全的风险；无法保证完全消毒；使用的经验极少；投入资本高，回收成本需要15年以上；化学疗法废弃物、放射性废弃物、病理废弃物无法使用本方法
高温蒸气消毒	一般而言需求的空间较小；操作简单；运作、维护所需成本较低；资本较低；减容80%，但是质量微增	容量小、处理规模小；有臭味和排水的问题；废弃物外观不变；有可能需要特殊包装和处理；尖锐物品处理后不改变，仍然有安全风险；将废弃物利用灭菌釜或高压压缩可能会造成灰锐物品割破盛装废弃物的袋子或容器；病理废弃物、液态废弃物、手术切割物、挥发性化学物质不适用
电磁波灭菌	消毒时可移动或固定；减容80%，但是质量增加；可处置无法辨识的废弃物	系统资料相当有限；不能完全消毒，只能视为杀菌的过程；增加的蒸汽会造成重量的增加；病理废弃物、低放射性废弃物或化学疗法废弃物不适用

表 5-5　主要医疗废物处理方法对废物的适应性

技术	感染性废物	解剖废物	锐器	药品	细胞毒类废物	化学药剂废物
回转窑焚烧炉	O	O	O	O	O	O
单燃烧室焚烧炉	O	O	O	×	×	×
热分解焚烧炉	O	O	O	可处理小部分	×（现代化焚烧厂可以处理）	允许小部分
等离子体法	O	O	O	O	O	O
化学消毒法	O	×	O	×	×	×
高温灭菌法	O	×	×	×	×	×
电磁波灭菌法	O	×	O	×	×	×
卫生填埋法	O	×	×	可处理小部分	×	×

注：O 表示可以处理，×表示不可以处理。

由上表可知，高温热解焚烧处理医疗废物的技术在减少废物量、无有害物质产生和资源再利用等方面较有优势，且投入的成本较低，操作也较为简便，可作为国内医疗废物处理研发的方向。

（二）医疗废弃物处置的国际经验借鉴

1. 美国

华盛顿为美国政治、经济中心，其废弃物的管理较为成熟和完善，以华盛顿生态署对危险废弃物的管理细则为例，介绍美国废弃物管理的经验，为我国医疗废弃物的管理提供借鉴。

华盛顿生态署对危险废物的管理，由作业流和信息流两大环节组成。

危险废弃物管理的作业流：首先给废弃物贴标签，内容包括易燃、易腐蚀、有毒等，同时还要标明首次收集废弃物的日期。然后选择合适的容器，除了放入或者拿出废弃物外，容器必须封闭。再后是储存和收集，可以把废弃物丢弃到工作区附近的小收集区，但达到规定标准时必须密封并在3天之内运达收集点。运输及处理废弃物方面，产生废弃物的公司必须保证从废弃物的产生到最后处理每个运输环节的安全即从"摇篮"到"坟墓"，每个环节都要负责。回收再利用减少了废弃物产生量，与丢弃相比更节省成本，生态署鼓励废弃物回收再利用，并设有现场的回收设备。

危险废弃物管理的信息流：信息流畅通可以准确反馈作业流各环节所需要的信息，提高作业流总效率。除了与作业流一一对应的信息流外，还有应急计划、泄漏处理方案、记录、服务指南、培训教程信息，辅助公司做好废弃物鉴别、运输、处置等环节。另外，还建有服务指南数据库，帮助企业区别哪些是可回收废弃物。华盛顿生态署有专门网站协助企业完成废弃物年度报告。教程和培训方面，提供PPT或PDF教程帮助企业进行正确的废弃物管理。

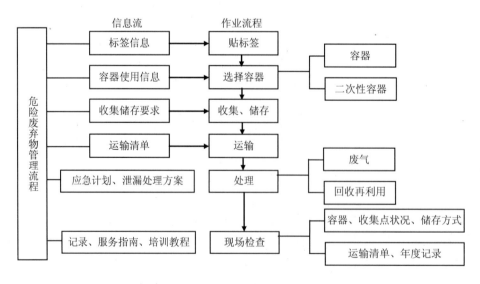

图5-8 美国华盛顿生态署的危险废物管理流程

危险废物运输环节管理。运输遵循从"摇篮"到"坟墓"的流程，该系统确保每个过程都有跟踪。运输废弃物公司货单有明确规定，不同危险品有对应的运输设备，公司必须根据国家规定选择与品名一致的运输设备，且要有备用的设备在紧急状态下废弃物运送不到原指定地点时使用。危险材料信息中心负责解决运输中的材料安全管理、传输途径等问题。美国运输部管道与危险材料安全管理局会对危险品运输进行监管。危险废弃物累积时间限制，对大、中、小型公司的废弃物管理和报告制度有不同的规定。

2. 德国

德国的医疗垃圾被分为A、B、C、D、E五大类。A类为与生活垃圾相类似的固废，其不具有传染性。B类对其有特殊的预防感染和防止受伤危险要求，其不具有传染性。C类具有传染性，对其有特殊的预防感染和防止受伤危险要求。这类物质来源于感染的地方或微生物菌类等。D类为化学试剂、旧药片、消毒物质、细菌、矿物油和合成油等，其不具有传染性。E类为各躯体部位及器官等。

分类处理。德国对五类医疗垃圾的处理方式是不同的，大体上可以分为：A类、B类、D类非传染性固废和C类、E类传染性固废。

对A类、B类、D类非传染性固废的处理方式主要有：焚烧（A类、B类、D类），这三类固废不具有传染性，可在生活垃圾焚烧炉中与生活垃圾混合燃烧。回收利用（A类、D类），这两类物质可将其有用的物质直接回收利用。并通过妥善分类收集的办法，将针头（金属）、包装材料、实验室化学试剂等可回收利用的物质分类收集，或通过化学、物理法（如电解法）提取汞等物质。填埋（A类及B类中一次性的物质），在生活垃圾填埋场中进行填埋。

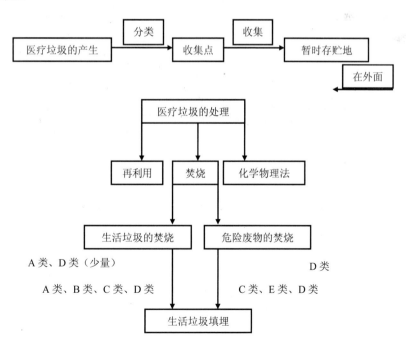

图 5-9　德国医疗废物处理流程

对 C 类、E 类传染性固废的处理方式主要有：将此类固废在危险废物焚烧炉中直接焚烧，其燃烧室出口炉温高于 1 100℃。此法是处理医疗垃圾最常用，又是最彻底和比较简便的方法，但对于焚烧后的底灰和尾气控制非常严格，必须达到无菌、无毒才能够排放。高压蒸汽消毒，要求温度高于 134℃，时间 20 min 左右。蒸汽在高压下具有温度高、穿透力强的优点。其原理是在压力下蒸汽穿透到物体内部，将微生物的蛋白质凝固变性而杀灭。在其内部无空气，此种方法能量需求高，具有实用和通过鉴定的技术。微波消毒技术，物体在高频电磁波作用下吸收其能量产生电磁共振效应并可加剧分子运动，微波加热可以穿透物体，使其内部和外部同时均匀升温。此法能量需求少，运行费用低，在实际中尚未应用。

法律基础保障。在德国的 LAGA（国家垃圾管理委员会）《州工作同盟规定》中，对医疗垃圾进行了分类并规定了处置和处理的要求，《固废一览表的规定》中，对危险废物的代码和危险性有规定。《德国联邦州的法律》10a 章节中也描述了特定的固废的消毒方式。

3. 日本

1992 年日本制订了第一部感染性废物管理法规，2004 年修订了感染性废物管理标准。

每天排出的医疗垃圾，一般分为 3 类（图 5-10），其中放射性垃圾按国家另行的放射法规进行处理。将非感染性与感染性垃圾区别对待。非感染性垃圾作为再生资源回收再利用，感染性垃圾按照感染性垃圾的处理规程，用分类、放置、灭菌烧毁等手段进行处理。

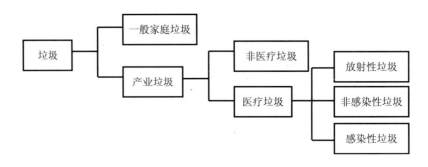

图 5-10　日本垃圾分类

（三）我国医疗废弃物管理的对策措施

1. 建立健全生命周期和全过程管理体系

要实现医疗废物的可持续管理和处置，其核心问题是要建立健全以生命周期管理为出发点，以全过程管理为手段的医疗废物管理体系（图 5-11）。

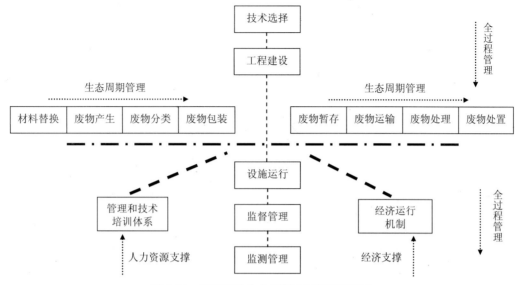

图 5-11　医疗废物生命周期全过程管理理念

医疗废物的管理和处置应是一个从源头开始，一直到安全处置结束的过程体系，其核心内容是要根据焚烧和非焚烧两类技术的不同特点，切实从技术适用型角度出发，从源头开展，做好医疗废物的减量、分类和包装工作，全面推进源头分类与后期处置技术应用相衔接。另外，还要从废物的产生和处置流程中，做好其暂存和运输工作，消除其感染性威胁。围绕医疗废物从产生到处置整个生命周期的实际管理工作需要，国家应从技术选择、工程建设、设施运行、监督管理以及监测管理等角度出发，建章立制，结合现行医疗废物管理体系制定适用于不同环节的技术标准和规范，做到有章可循、有法可依。

2．加快技术研发与技术应用的推广

目前国际上医疗废物处置技术呈现出不断的进步和发展的态势，作为世界上最大的发展中国家，应从国家层面全面推进医疗废物处理处置研发机构能力建设，在基本研发能力、工程建设和设施运行等方面逐步向国际先进水平靠拢，建立适合我国国情的科学合理的技术支撑体系。

3．加强监督和监测技术体系建设

医疗废物的环境监督工作是全面推进整个医疗废物政策、法规及标准体系建设的核心环节。在监督管理体系建设方面，首先推进监督管理政策、法规及标准体系建设，围绕医疗废物收集、分类包装、贮存、运输、处理、处置以及资源化利用的整个过程，从技术和管理角度加强管理所需要的技术和手段，使各级环保部门以及其他相关管理部门走向技术化管理轨道。该体系的建设还应结合医疗废物环境管理和设施运行的需要，提升我国医疗废物环境监测能力，进而提升医疗废物全过程环境管理能力。

4．开展技术培训体系建设

有效地实现医疗废物的全程无害化处理，需要依靠各方面人员对此项工作的理解和合作来完成。为全面推进医疗废物的安全管理，就必须使相关管理和技术人员懂得如

何去实现相应环境管理目标的实现。在此基础上使相关政府官员、环境管理者、处理处置设施运营单位的管理者、操作工人切实了解国家相关政策、法规、标准，切实明确各类医疗废物处理处置设施的操作模式和操作程序，进而实现各项管理和操作过程有章可循。

5. 建立规范的经济运行机制

经济运行机制的建设是推进医疗废物可持续环境管理的必要支撑手段，因此，应围绕处置技术研发、工程建设、设施运营等环节的实际需求出发，探索适合性经济手段，从商业化协作、医疗废物处置定价、财政补贴、税收和环境税等角度出发，规范医疗废物处置的规范化建设和运营行为。

6. 医疗废弃物管理的辅助服务建设，提高全民参与意识

我国在医疗废弃物收集、储存、运输、处置各环节人员中非医务人员占有一定比例，其对废弃物的风险认识较差，对于紧急情况中的废物管理认识模糊。要加强配套的培训及宣传网站建设，在互联网迅速发展的今天，管理部门可以借助互联网，做到及时准确地通报废弃物管理的实时动态信息，提高普通民众的参与意识及医疗废弃物的管理效率，安全持续地推进医疗废物管理。

二、电子废物

电子废物指丧失使用功能的废弃电子产品或电子电气设备，包括家电、计算机、手机、电话、电子和电气工具等，俗称电子垃圾。电子废弃物成分复杂，含有大量致癌、致畸变物质，危害性极大。主要组成是金属和有机材料。

（一）电子废弃物处置的现状与技术

随着技术的日新月异的发展，电子垃圾也铺天盖地般地涌来。据统计，2012 年，全世界产生的电子垃圾共有 4 890 万 t，约相当于全世界每人 7 000 g。中国的电子垃圾规模达到 725 万多 t，仅次于美国，居全球第二位。除本身就是大批电子垃圾的制造者外，中国还是全世界最大的电子垃圾的倾倒场。主要来自美国、欧洲等发达国家向中国出口的垃圾数量一直十分可观。据统计，在 18 个欧洲海港中，发现了约占总数 47% 的电子垃圾等待出口，它们将被运往中国、东南亚及非洲等地。中国正面临着全世界最为严峻的电子垃圾应对形势，电子废弃物正逐年增多，对于城市环境的影响越来越严重。

我国于 1996 年颁布实施了《固体废物污染环境防治法》，但没有制定关于电子废弃物回收利用的法规。主要是依靠个人进行回收，再卖给废品回收站，部分进行修理后二次利用，其他进入垃圾处理场填埋或焚烧，环境危害与风险巨大。

电子废弃物的资源化系统主要包括前期系统技术（用物理和机械的方法进行分选、破碎、提取回收）和后期系统技术（用化学、生物方法转化回收）。技术分类见表 5-6。

表 5-6　电子废弃物资源化系统

技术分类	具体分类
前期系统技术（用物理和机械的方法进行分选、破碎、提取回收）	保持废弃物原形的回收，重复利用（分选、修补、清洁洗涤）；破坏废弃物原形的回收材料，靠物理作用使废弃物原料化，再生利用（破碎、物理或机械方法的分离精制）
后期系统技术（用化学、生物方法转化回收）	回收物质，用化学和生物的方法使物料原料化、产品化而再生利用（转化和分离精制、热解、催化分解、熔融、烧结、堆肥发酵）；回收能源（燃烧、发电、水蒸气、热水等）

1. 电子垃圾中废弃物的回收

电子垃圾中常见的金属材料回收处理方法有机械处理法、火法冶金、湿法冶金以及微生物法等。电子垃圾中的大件纯塑料一般采用机械法直接回收，而混合塑料的回收主要有机械法、化学法和热回收法。

2. 主要电子垃圾回收方法的优缺点比较

对于非金属的回收，一是化学法，解聚反应（高温）获得新的更有价值的合成油、沥青和焦炭等。二是机械法，破碎分离回收，不同种类的塑料分离出来作为生产不同新产品的原料。三是热回收法，作为燃料，回收热量。热回收法被认为是回收塑料最环保的方法。

表 5-7　常见电子垃圾回收方法及其特点

方法	优点	缺点	应用情况
机械处理法	污染小、操作简单、不需要对电子垃圾做预处理，易实现规模化	处理后一般不是最终产品	综合回收有用材料，同时可作为其他回收方法的预处理
火法冶金	操作简单方便，能得到较纯的产品，回收率较高	焚烧会产生有害气体，二次污染严重，金属回收率低，能耗大，设备一般较昂贵	主要用于回收贵金属，逐渐淘汰中
湿法冶金	能得到较纯的产品，回收率高，废气排放少，提取贵金属后的残留物易于处理，工艺流程简单	二次污染较严重	主要用于回收贵金属
微生物法	对环境危害小，投资少，能耗少，药剂消耗少，对低品位的资源也能很好地回收	生产周期长，温度要求严格	主要用于回收贵金属

电子垃圾回收处理工艺流程设计直接关系到回收的效率与效益问题。通过比较研究，得到了电子垃圾回收处理的最佳工艺流程图，如图 5-12 所示。

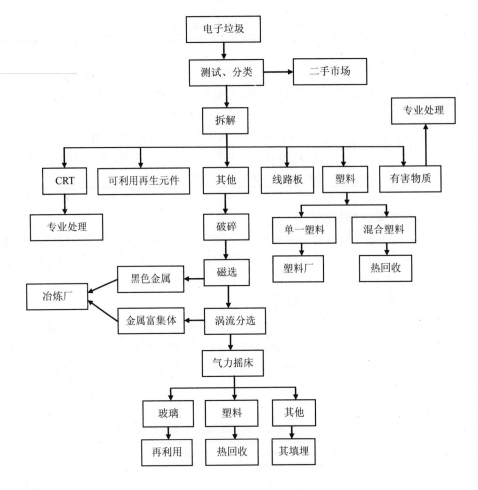

图 5-12　电子垃圾回收处理工艺流程图

（二）电子废弃物国外管理经验

1. 欧盟

2002 年，欧盟出台了《关于报废电子电器设备指令》（WEEE）和《关于电子电器设备中禁止使用某些有害物质指令》（RoHS）2 个指令。

WEEE 指令的主要目的是防止电气与电子设备废弃物的产生、促进废旧物品与元件的重新利用、循环利用以及其他形式的回收、改善在产品寿命周期过程中运营者的表现。

RoHS 指令的主要目的在于对电气与电子设备中有害物质的限制，从而保护人类健康，并保证对废弃物进行合理的回收与处理，以保护环境。

根据欧盟委员会的要求，其各成员国已于 2004 年 8 月 13 日前依上述两个指令制定本国的相关法律。2004 年 8 月 13 日欧盟出台了《电子垃圾处理法》，并于 2005 年 8 月 13 日正式实施。

继 WEEE、RoHS 指令之后，欧盟另一项主要针对能耗的技术指令《用能产品生态设计框架指令》（EUP）已于 2007 年 8 月 11 日实施。该指令将生命周期理念引入产品设计环节中，旨在从源头入手，在产品的设计、制造、使用、维护、回收、后期处理这一周期内，对能源产品提出环保要求，全方位监控产品对环境的影响，减少对环境的破坏。这 3 个指令分别对应于电子电气设备生命周期中寿命终结阶段、制造阶段以及整个生命周期。

2．日本

日本是世界上典型的循环经济搞得较好的国家之一，也是发达国家中对循环经济立法比较全面的国家。日本的电子废物管理法律法规中，占有重要地位的一部是《日本家电再生利用法》。该法是世界上较早的关于废旧家电回收和处理方面的立法，是对电视机、电冰箱、洗衣机、空调 4 种废家电进行有效再生利用、减少废弃物排放的特定法律，是日本建设循环型社会法律体系的重要组成部分。《日本家电再生利用法》明确要求产品生产者承担产品的回收义务和再商品化义务，产品经销商承担产品的回收义务和交付给产品生产者的第三方处理企业的义务，消费者承担将自己废弃的设备交付给经销商的义务，并承担废物收集、处理的相关费用。

3．美国

美国是世界上最大的电子电器产品生产国和消费国，同时也是电子废物的最大制造国及出口国。在美国，对于是否要在联邦层面制定统一的电子废物回收法规及体系一直在激烈地讨论，故联邦的专门法案一直未能出台。但是已有一些州尝试制定自己的电子废物专门管理法案。迄今为止，美国已至少有 5 个州禁止阴极射线管填埋。此外，加州、缅因州、马里兰州和华盛顿州通过了州层面的电子废物回收法规。2003 年 9 月，加州制定了《电子废物回收利用法》，要求对新产品征收回收处理费用，规定了视频显示设备回收再生要求，限制有毒电子废物出口，限制若干类电子设备所用的有害物质，并且要求企业在设计产品时考虑再生利用问题，这部法案通常被称为"加州的 RoHS"。

（三）我国电子废弃物管理的对策措施

1．完善我国电子废弃物方面的立法

在依法治国、依法治市的背景下，电子废弃物的管理也应当纳入法制化的轨道。制定电子废弃物污染防治与资源化相关法规，明确有关各方主体的责任，不仅能最大限度地推进有关政策的执行，更重要的是可以实现依法行政、建立电子废弃物管理的长效机制。

2．充分发挥政府机构的主导作用

政府机构在电子废弃物的管理当中发挥着至关重要的作用。从生产源头上进行控制，注重清洁生产工艺的开发，立足于在生产过程中减废，通过减少废物的产生量来减少有害废物的处理量。通过信贷、税收等优惠政策鼓励电子企业生产便于回收和循环利用的绿色产品。对进行电子废弃物回收处理的企业，国家应大力扶持，采取减税、免税、补贴、信贷等措施，鼓励企业引进、开发新技术，扩大再生产，务必使其有利可图，从而促进这一行业的快速发展。

3．建立电子废弃物管理信息通报制度

充分的信息交流，不但为政府决策提供依据，也使其他各方及时了解新的政策法规和

技术标准，促进电子废弃物管理的科学化。政府相关机构负责建立信息交流平台；生产商有义务向电子废弃物管理办公室提供本企业电子产品生产种类、生产量、销售量和出口量等相关信息；处理企业向电子废弃物管理办公室定期报告回收处理情况；电子废弃物管理办公室及时向社会公布新的政策法规、技术标准以及回收处理信息。

4．建立电子废弃物回收处理示范工程

建立若干电子废弃物回收处理示范工程，积极探索、大胆尝试，为相关的立法和政策规划积累经验，具有十分重要的意义。示范工程由政府相关职能部门主持、并提供必要的政策指导，对参与的各方主体都给予一定的优惠政策。示范工程的主要内容包括：建立电子废弃物收集示范网络，建设电子废弃物处理基地，促成若干电子废弃物回收处理关键技术研究向生产力的转化。

5．提高全民参与意识

大力宣传，让广大的城乡人民充分认识到电子废弃物的危害，使电子废弃物是垃圾的观念深入人心，促使消费者购买绿色电子产品，改变原来处置旧电器的习惯，不再把旧电器卖给小商贩，自觉地支持电子废弃物的回收处理。

三、社会废物

（一）汽车维修危险废物

随着我国汽车产业的发展，2014年汽车保有量近1.4亿辆，大量的汽车在维修过程中的废弃物会随之增加，随着汽车新材料和新技术的运用，汽车废弃物的种类也在增多。

在汽车维修过程中，产生的废物按照产生过程可分为办公性废物和生产性废物。办公性废物是指汽车维修厂在日常的办公过程中产生的废物，生产性废物是指汽车维修厂在汽车维修过程中产生的废物，包括俗称的"汽车维修四大件"：废机油、废铅酸蓄电池、废轮胎和废催化剂。这些都属于危险废物，不能混入一般生活垃圾，需进行专业处置（表5-8）。

表5-8　废机油再生方法及其特点

工艺方法		优点	缺点	应用情况
简易再生-净化工艺		处置工艺比较简单	处理废机油性质单一，处理后产品品质较低，是对废机油的物理处理，不能使废机油更新	作为废机油再利用和深加工的前序步骤
加工再生工艺	酸碱处理法	目前我国使用比较广泛，投资省、见效	处理过程中需要使用大量的酸、碱及高压蒸汽，有较大的操作安全隐患，同时会产生大量的废气、废水和废渣，对环境造成十分严重的危害	目前已经被国家相关部门明令禁止
	高温白土法	再生油品质好	白土用量大、再生油收率较低、设备腐蚀较重、炉管可能堵塞、操作条件较为苛刻	不宜在我国全面推广
	分子蒸馏-白土法	收率高、质量好	工艺流程和设备复杂，投资偏高	只适于大处理量连续生产

1. 汽车维修危险废物的现状与处置技术

汽车已成人们在现代生活中不可缺少的重要交通工具，并且在社会高速发展的现代，汽车数量正迅速增长。我国传统的汽车产业建立在资源和能源大量消耗的基础之上，随着汽车使用量的增加，汽车修理产业不断壮大，报废汽车的数目也与日俱增，汽车维修业得到了迅猛发展，占整个汽车产业总值的 50%左右。

汽车维修过程中，除了产生有害气体、废水以及噪声外，还产生大量有害固体废弃物，如废轮胎、废五金电器（含石棉成分的制动片、离合器片，含惰性气体的灯泡、灯管等）、含铅和酸的蓄电池、废弃的三元催化转换装置（产生重金属污染），以及废油布、清除的油泥、积碳等。相当一部分汽车维修业店选址于交通道路旁或商住楼下，维修设备简陋，经营规模小，普遍存在占道经营的情况。一些"路边修车店"在经营过程中的"脏、乱、差"现象严重影响了周边环境。维修过程中，受经济利益的驱使导致固体废弃物回收处置率偏低，部分固体废弃物去向不明，未得到有效监控，对环境造成一定危害。

2. 汽车维修危险废物的对策建议

（1）维修企业的标识化管理

维修企业有责任对所有的危险材料进行标注，必备材料安全数据单放在便于员工查看的地方。材料安全数据单包括：化学名称、物理性质、防护性处理设备、爆炸或火灾危险、不相容材料、健康危害、接触对身体造成的伤害、应急和急救措施、安全操作和溢出或泄漏时的处理方法。操作人员在处理废料前必须仔细阅读上述材料。

（2）员工的知情权

所有员工必须接受相关汽车危险废弃物处理的相关培训，并深入车间了解在工作中可能会遇到的危险物质。让员工明确处理危险物品的正确方法。

（3）政府政策引导

通过宣传教育活动，提高公众的环保、安全意识。例如日本政府和民间环保组织近年倡导"循环型社会模式"，并提出了"3R"计划，即"reduce（减量）、reuse（重复使用）、recycle（再生利用）"。另外，对汽车轨道站点规划建设公共自行车租赁系统，积极营造城市慢行系统氛围，同时加快建设自行车廊道和步行廊道，使人们减少对机动车的使用，减少碳排放。

（4）出台政策法规保障

社会、经济、资源、环境的可持续发展，要求城市大力发展低碳交通体系。对汽车维修行业及报废市场产生的废弃物管理进行立法，建立相应的法规、政策，对各类废弃物进行回收管理。对拒不执行的个人或企业，视情节给予警告或处以重罚。

（5）开发替代产品

由政府部门奖励和支持大气污染防治的科学研究，推广先进适用的大气污染防治技术，开发新型环保替代产品，如环保制冷剂应用于汽车空调系统，减少对大气环境的污染。例如无石棉摩擦片的出现，减少了对操作人员安全健康的伤害。

（二）实验室危险废物

实验室在教学科研过程中会产生数量庞大的实验室危险废物，这些实验室废物种类繁多，目前尚难统计清楚，主要包括多余样品、分析产物、消耗或破损的实验用品（如玻璃器皿、纱布、试纸）、残留或失效的化学试剂等。这些固体废物成分复杂，尤其是不少过期失效的化学试剂，处理稍有不慎，很容易导致严重的污染事故。此外，实验室危险废物还具有单一种类危险废物的数量小、毒性大，建造危险废物处理设施困难大、成本高等特点。

随着我国高等教育的快速发展，高校实验室的教学科研任务日益繁重，实验室化学品使用量急剧增加，实验废气、废液、固体废物大量排放，污染问题日趋严重。由于高等院校的各类实验室相对独立、分散，实验室废弃物种类多，情况复杂，除少数一些环保意识较强的实验室没有直接排放废弃物外，多数实验室把大量的废弃物直接排放，极易对人身造成伤害和对环境产生污染。

从实验室的分布情况来看，主要集中在学校、科研机构、检测机构和企业中的检验研究部门。我国高等教育事业的快速发展，教学和科学研究规模的不断扩大，对各类实验室的需求越来越多。2005 年 7 月，教育部和原国家环保总局针对高校实验室的排污问题，联合下发《关于加强高等学校实验室排污管理的通知》，规定自 2005 年 1 月 1 日起，科研、监测（检测）、试验等单位实验室、化验室、试验场将按照污染源进行管理，其污染将纳入环境监管范围，以此带动各类少量、分散污染物尤其危险污染物的收集和集中处理。企业内实验室的污染问题一般属于企业的环保问题，易于被各级部门重视，企业在处理自身环保问题的同时，实验室污染问题也得到相应的处理。

1. 造成实验室环境污染严重的主要原因

（1）缺乏实验室环保意识

部分实验室工作人员环保意识十分薄弱，实验过程中随意倾倒废液、随手丢弃杂物、直接排放废气、用流水冲洗实验用具等违规操作现象普遍存在，这无形中造成和加重了实验室的污染。

（2）缺乏实验室污染控制的经费投入

各部门对实验室的经费预算，通常只是对实验室仪器设备、实验试剂、实验室装修等进行预算，而没有对实验室控制污染投入的预算，导致实验室没有经费来处理污染物。

（3）缺乏对实验室的监管

有些实验室缺乏科学的管理，在药品的管理以及实验过程管理上存在很大漏洞。如一次性采购过多的实验药品、实验中超量取用药品等。致使实验室每年都会产生大量的过期试剂和废弃物，实验室管理部门对这些试剂和废弃物的管理既没有提出要求，又不为处理这些物品提供支持。

（4）实验过程中操作不当

包括实验仪器陈旧、实验药品种类和量的设计不合理以及操作中的不规范、不科学。有的实验室实验后废弃物未进行处理直接排放或对废弃物的处理不合理、不科学等，这些是造成实验室污染的最主要的原因。

（5）缺少实验室污染控制的法规和实验室建设标准

国家目前还没有专门针对实验室污染控制方面的法规和条例，也没有出台有关实验室的建设标准。

（6）环保工业发展相对落后

我国环保工业发展滞后是造成实验室废弃物随意排放的原因之一。因为建专门的处理工厂需要巨大投资，再加上处理费用也很高，想处理却找不到厂家或无力承担高昂处理费用的情况普遍存在。

2．实验室危险废物的对策建议

（1）加大环保投入

政府应加大对环保的投入，扶持建立当地危险废物处置中心，或对处理危险废物的企业给予一定的优惠政策，使中小城市也有危险废物处置中心或有处理危险废物资质的专业公司。同时，对普通高校实验室危险废物的处置适当投入专项经费，保证实验室产生的危险废物能够得到安全处理。

（2）加强技术培训

学校或当地环保部门或教育部门应该对危险废物的专门管理人员及实验相关人员（涉及危险废物的实验课教师、实验室人员等）进行有关危险废物分类和安全处理的培训，以提高实验室危险废物相关人员的处理能力水平。

（3）健全管理体制

实验室各种危险废物都应有明确的处置单位和去向。在实验室危险废物管理上，学校积极推行校、院两级管理模式。学校成立专门的实验室安全领导小组，由各学院分别成立实验室安全工作小组，各教学、科研实验室逐一落实责任人，通过签订责任书，将实验室危险废物的管理责任落实到每一间实验室，每一个实验台，形成"学校—学院—实验室"三级管理网络。

（4）强化环保监督

建立实验室危险废物管理数据库。学校教务处、科技处、研究生处、公安处等职能部门加大监督检查力度，制定检查标准，定期开展检查。在检查过程中采用拍照、摄像等技术措施收集信息，对工作做得好的实验室通报表扬，给予奖励；对工作不到位的实验室通报批评，下达整改通知，限期整改。

（5）加强环保教育

强调实验室危险废物无害化处理的重要意义，加强科研道德教育，提高员工的环保意识，把妥善处置危险废物变成必须完成的实验环节，教育广大师生做生态文明建设的先行者、引路人。学校充分利用校园网、校报、校园广播等媒体，加大实验室环保工作的宣传力度，积极营造"爱护环境，人人有责"的舆论氛围。针对部分工作人员和学生对危险废物界定不清的现实，学校聘请环保方面的专家、教授，定期开展环保知识讲座，充实大家对于危险废物分类、处理技术的知识。

（6）实现源头控制，专业化处理

采取各种有效措施，如替代药品或实验、微量化实验、实验室废旧材料的再利用回收或循环等，对危险废物的产生源头实施控制。采取相应措施，自行处理大量实验室危险废物，对于无条件处理的学校，可借助环保部门和危险废物处理公司的技术力量集中处理。

（三）家庭危险废物

家庭危险废物（HHW，Household Hazardous Waste）指家庭产生的危险废物，这些废物含有腐蚀性、毒性、易燃性、反应性成分，种类繁多，成分复杂。

发达国家的经济发展模式已经成型，家庭危险废物的种类、数量相对稳定，而中国正处于经济的快速转型时期，人民生活水平正发生着巨大的变化，家庭危废典型的为电子废物、废家用电器、废荧光灯管、废电池以及住房装修热引起的涂料、油漆、染料、废溶剂等。

据工信部统计数据，截至 2014 年 2 月，我国共有手机用户约 12.4 亿户，用户数约占全国总人口的 92%。由于不少消费者是"双枪将"（两部手机）、"三枪族"（三部手机），如此算来，我国手机保有量至少有十几亿部。巨大的保有量也带来了巨大的淘汰量。据调查，我国消费者平均 15 个月更换一部新手机，全国每年废弃手机约 1 亿部，而回收率还不到 1%。这些废弃手机总重可达 1 万 t，若全部回收处理，能提取 1 500 kg 黄金、100 万 kg 铜、3 万 kg 银，可以说是一座巨大的资源库。

荧光灯是目前广泛使用的节能型照明光源，其发光原理决定了灯管中必须含有少量汞蒸气。根据产业信息网监测数据：2013 年我国荧光灯产量为 445 285.94 万只，同比增长 9.49%。2008 年，中国开始在全国范围内大力推广节能灯，随后，1 亿只节能灯陆续进入全国范围内的寻常百姓家。以使用周期 3 年结算，如今，这 1 亿只节能灯已经集中报废。因为没有专业的回收处理设备，大多数的废弃节能灯可预想的命运，就是被与垃圾一起填埋或者丢弃。这些老旧报废的节能灯因为含有汞、铅等有毒有害元素，被专家称为是仅次于废电池的第二大生活垃圾。

过去 10 年来，中国铅蓄电池行业呈高速增长趋势，是全球第一大铅蓄电池生产国和出口国，工信部数据显示，2012 年铅蓄电池产量达 17 486.3 万 kVA·h，较 2011 年增长了 27%。环保部环境与经济政策研究中心与自然资源保护协会联合发布的《中国铅蓄电池回收管理现状及对策》研究报告显示，中国也是铅蓄电池消费大国，每年产生的废铅蓄电池数量超过 260 万 t，而有组织的回收率不到 30%。目前我国还没有由蓄电池生产商或再生铅生产厂家建成的全国性和区域性的回收网络。目前汽车电池销售量按 5 000 万 kVAh 测算，其中 3 000 万 kVAh 为富液，约含 15 万 t 含铅稀硫酸，约含 4.2 万 t 硫酸；近几年含铅废酸倾倒量连年增长，2008 年倒酸量合计 9.95 万 t，2012 年达到 26.14 万 t。

1. 中国家庭危险废物管理处置问题

（1）回收系统不完善

垃圾分类是家庭危险废物管理的基础，但我国垃圾分类正处于起步摸索阶段。北京、上海、广州等 8 个城市开展的"生活垃圾分类收集试点"实施运行结果并不理想，各种家庭废物依然混杂在一起，绝大多数 HHW 混同生活垃圾进入垃圾填埋场。一方面是因为公民对分类标准并不熟悉，不知道如何分类；另一方面是因为我国垃圾的处置方式主要为填埋，没有针对分类垃圾的处置方式，在最终的垃圾运输和处置阶段依旧混杂操作。

（2）法律法规不健全

家用电器、电池、荧光灯管等 HHW 的回收、处理处置及资源再利用的管理法规处于起步阶段，环境监管不到位，废物无序流动，严重污染着环境。

（3）处理处置设施不完备

中国现有的一些工业危险废物处理处置设施。有些可以处理 HHW，但没有专门针对 HHW 的处理处置及再利用设施，如废荧光灯管、废电池的集中无害化处理设施，电子废物和废家用电器收集、运输、贮存、拆解、回收、处理的集中综合处理设施。浙江省、青岛市为国家废旧家电及电子产品回收处理体系建设试点省市，目前两个试点省市的回收利用体系均未建立完善，示范工程也未起到应有的作用。全国首家正式投产的电子废物处理中心——南京金泽公司电子电器废弃物加工处理中心也一直处于闲置状态。

2．国外家庭危险废物管理经验借鉴

（1）美国

美国家庭危险废物的收集措施。由于 HHW 在《资源保护回收法》（*Resource Conservation and Recovery Act*）中是被豁免的，所以美国环保署特别强调 HHW 的收集意义，并把全部责任赋予州及地方政府监控收集计划。20 世纪 80 年代，收集措施已成为美国有效的、最普遍的 HHW 解决办法。有些州通过州环保署和立法控制 HHW 的收集，如 1987 年，佛罗里达州、密歇根州、纽约州等 13 个州通过州立法资助 HHW 的收集。收集措施一般有以下三种形式：

①专门的收集日：规定一周中的某天在规定点收集 HHW。当地居民把废物包装好，送到指定的收集点。废物经包装后运送到合适的回收站或处置场所。操作者由市政当局通过定约雇佣，负责从住户收集、挑选和处置废物。

②固定或不固定的收集点：收集点的地址有些是固定的，有些是变换的。收集者或储藏者必须有许可证件，或受市政当局或定约人的管制。

③废物收集商：经审批，个人或团体可专门从事废物的收集。

宣传教育。美国还对 HHW 的危害做广告宣传，增强公民对 HHW 的认识，提高公众对收集措施的参与，增强消费者对低毒害产品的需求。1986 年，USEPA 发起第一次全国性的 HHW 学习活动，发布了题为 *A Survey of Household Hazardous Waste and Related Collection Programs* 的报告，定义了 HHW 的种类和性质、对人类健康和环境的危害、HHW 收集计划的不同类型。1987 年，USEPA 发表了第二个报告 *Characterization of HHW from Marin County，California，and New Orleans，Louisiana*，估计在家庭垃圾中有 0.34%～0.40% 的危险废物。USEPA 还对公民进行"Reduction、Reuse、Recycling"教育，使公民选择安全、少毒性的替代产品。另外，全国设有许多咨询机构，帮助公民解决有关 HHW 的问题：HHW 的性质、类型安全使用和处理处置等。

设立警告性消费标签。有些州要求商家使用警告性标签，一方面帮助公民了解产品的性质，有助于使用和储藏；另一方面促使公民选择安全或低危险性的产品。如 1986 年，加利福尼亚州通过消费产品的警告规定，要求制造商对产品（包含一种或多种致癌物质或致突变成分）提供警示性标签；后来，又制定了 *Assembly Bill* 2290 法令，包含危险废物的所有产品都要有警示性标签。

征收货物税。有些州设立了征收货物税的规定，以此鼓励消费者选择其他替代品。华盛顿州在 1987 年通过法令 *The State Superfund*，对危险物质的第一次销售征收 0.8% 的货物税（如一种原材料用来制造另一种产品，在它第一次销售时要收税），包括家用危险材料、杀虫剂、油漆稀释剂和汽油产品。

其他管理措施。有些州还通过立法赋予公民一定权利，允许公民通过法律诉讼和论坛投诉商家。如在爱荷华州，公民有权检举厂家违反废物的减量化、回收性或毒性规定。美国在废电池管理方面是立法最多、最详细的一个国家，不仅建立了完善的回收体系，还建立了许多废电池处理厂。针对废弃家电的回收利用也出台了相应法规，如对从事回收家电产品中制冷剂的人员资格、使用设备以及回收比率等进行明确规定，通过采购优先政策推动包括废旧家电在内的废弃物回收利用。马萨诸塞州制定了美国第一部禁止私人向填埋场或焚烧炉丢弃电脑显示器、电视机和其他电子产品的法律。

（2）欧盟

欧洲 HHW 管理方法主要从以下两个方面进行实施：①通过 HHW 的分类收集，减少因处置不当引起的危害性。②通过对消费者、生产者和商业者进行教育，结合法律、法规等手段，减少 HHW 的消费。

收集方式有永久性收集点、定期收集、机动的收集公司、公立收集和零售商收集。

在德国的曼海姆市，市政府将新一年的"垃圾清运时间表"以及"垃圾分类的说明"投到各家的信箱。垃圾分类收集系统中，将垃圾分为：有机垃圾、轻质包装、旧玻璃、危害物质（带有有害物质的垃圾）、不属于上述四种的其他垃圾。这里的危害物质就是 HHW，包括涂料、油漆、木材防腐剂、消毒剂、蓄电池、电池、过期药品等。问题物质的回收，垃圾分类说明中有固定的征收时间和地点。市民必须遵照指定的时间选择邻近点将垃圾丢弃，禁止将这些物质当家庭垃圾或其他垃圾乱丢。

德国《废物避免、综合利用和处置法》特别强调了生产者应设计产生废物少的产品，消费者应购买低废、低污染产品；并制定了专门章节——产品责任。2003 年，欧盟公布了《废弃电气及电子设备指令》和《关于在电气设备中禁止使用某些有害物质的指令》，规定了废旧电子电气产品的回收、处理、再利用以及禁止使用铅、汞、镉等六种有害物质。

3．家庭危险废物的对策建议

（1）完善法律法规体系

制定相关的法律法规，规范废弃物的回收、资源再利用的市场体系。如《电子废物回收管理处置条例》《电子废物拆解与再生污染控制技术规范》《荧光灯管的回收处置条例》《家用电器回收管理处置条例》《家庭危险废物处置要求》等，用以管制规范生产者、使用者、回收者、处理处置者的行为。同时地方政府根据自身的经济状况制定相应的《家庭垃圾分类标准》以及《家庭危险废物收集方法指南》，指导家庭使用者和收集者的分类、处理、处置行为。

（2）有效回收处理处置

家庭使用者有责任将废旧家电、废荧光灯管、废矿物油等家庭危险废物按分类标准放置在垃圾分类房、零售商或专业回收企业，环卫工人及回收者有责任安全处理处置这些废物。家庭危险废物根据成分，采用专用容器分类收集。家庭危险废物在收集点，经分类包装后，运送到回收中心或危险废物处置场所进行安全处置。运输过程中采用密闭运输车辆，减少运输过程中的二次污染和对环境的风险。形成一个"家庭危险废物→安全回收→安全处理处置"的使用回收体系。在全国建立家庭危险废物的集中处理处置设施，禁止向填埋场丢弃家庭危废。

（3）加强政府管理职能

政府要利用经济手段和相关政策引导企业和公众参与家庭危险废物的收集以及处理处置，鼓励和扶持家庭危废产业发展，并对各方的利益进行调控。在家庭危险废物的收集、分拣、资源循环利用设施的建设、运行、管理以及设备的研究与开发方面，都可以积极寻求多种方式的国际合作，引进先进技术与管理经验。

（4）提高公民的认识

扩大家庭危险废物危害的宣传教育，控制待处置的家庭危险废物流向。实现家庭危险废物的有效收集需要市民的积极参与，公民要有较高的投放意识，熟悉生活垃圾的分类标准以及家庭危险废物的种类，做到准确分类，提高废物回收的效率。广泛开展垃圾分类、家庭危险废物危害性的宣传、教育和倡导工作，特别是地方环保机构管理人员。从而提高公民对家庭危险废物的认识，把家庭危险废物以及生活垃圾的分类收集融入日常生活中，逐渐成为自觉习惯行为。

参考文献

European Commission. Fifth National Communication from the European Community under the UN Framework Convention on Climate Change[R]. 2009：32. http://unfccc.int/resource/docs/natc/ec_nc5.pdf.

黄海峰，刘京辉，等. 德国循环经济研究[M]. 北京：科学出版社，2007：100-200.

殷培红，董文福，王媛，等. 温室气体排放环境监管[M]. 北京：中国环境科学出版社，2012：218-220.

朱晓萌. 让城市垃圾变成新资源[N]. 中华工商时报，2010-12-23.

第六章　污染场地治理与修复[①]

随着我国城镇化的快速发展和产业结构的调整，工业企业搬迁后遗留污染场地的管理、修复及土地再开发等问题逐渐出现在公众的视野中，并成为城市建设的重大议题。《国家"十二五"规划》中对"土壤与场地污染治理与修复"做了明确立项。2012 年 11 月，环境保护部等四部委联合下发《关于保障工业企业场地再开发利用环境安全的通知》（环发〔2012〕140 号）。2013 年 1 月，《国务院办公厅关于印发近期土壤环境保护和综合治理工作安排的通知》（国办发〔2013〕7 号）也明确要求"强化被污染土壤的环境风险控制"。2014 年 2 月 19 日环保部发布公告，批准《场地环境调查技术导则》等五项标准为国家环境保护标准，并予发布。继大气污染防治后，土壤环境污染将成为我国下一步重拳治理的重点。

第一节　污染场地的现状与挑战

随着我国城镇化进程和产业转移步伐的加快，工业企业的搬迁越来越普遍。污染企业的外迁成为快速改善城市环境、促进企业升级改造以及调整经济结构和转变经济增长方式的有效举措。由此而来，在城市出现了大量遗留、遗弃场地。这些场地的二次开发对城镇居民的人体健康和环境安全构成较大的潜在威胁。

一般而言，因从事生产、经营、使用、贮存、堆放有毒有害物质，或者处理、处置有毒有害废物，或者因有毒有害物质迁移、突发事故，造成了土壤和/或地下水污染，并已产生健康、生态风险或危害的地块，称为污染场地。这些污染场地（国外又称为"棕地"，Brown Field），涉及土壤污染、地下水污染、墙体与设备污染及废弃物污染等诸多方面，存在着大量的环境风险。

一、污染场地的形成与类型

中国污染场地的产生可追溯到 50 多年前的"大跃进"时期（甚至可能是新中国成立前的更早时期）一些高污染工业企业的建设。当时，大多数工厂建在城市周边。如今，这

---

① 本章作者：李文青。

些生产历史悠久、工艺设备相对落后的国营老企业由于经营管理粗放、环保设施缺乏或很不完善，造成了十分严重的土地污染。有些场地污染物浓度很高，有的甚至超过有关监管标准的数百倍甚至更多，污染深达地下十几米，有些污染物甚至迁移至地下水并扩散导致更大范围的污染。

由于土壤污染具有滞后性，加上过去对土壤污染物的识别和监测存在着诸多的技术障碍，土地污染问题在过去极少受到关注。随着国家"退二进三""退城进园""产业转移"等政策的实施，全国几乎所有的大中城市正面临着重污染行业的大批企业关闭和搬迁问题，导致城市出现大量遗留、遗弃场地。我国各类工业污染场地至少以数十万计，多数分布在经济发达地区和老工业基地。2014 年以来，仅浙江一个省就累计淘汰关停造纸、印染、化工企业近千家、搬迁入园 200 家。据不完全统计，2001—2012 年，全国有 10 多万家原本位于城市内的高污染、高耗能企业逐渐搬出中心城区。有关专家在北京、深圳和重庆等城市开展的搬迁场地调查表明，大约有 1/5 甚至更多的搬迁场地被严重污染。2014 年 4 月发布的《全国土壤污染状况调查公报》显示，在调查的 690 家重污染企业用地及周边的 5 846 个土壤点位中，超标点位占 36.3%，主要涉及黑色金属、有色金属、皮革制品、造纸、石油煤炭、化工医药、化纤橡塑、矿物制品、金属制品、电力等行业。在调查的 81 块工业废弃地的 775 个土壤点位中，超标点位占 34.9%，主要污染物为锌、汞、铅、铬、砷和多环芳烃，主要涉及化工业、矿业、冶金业等行业。专家表示，保守估算我国潜在污染场地数量在 50 万块以上（朱涵，2015）。

我国污染场地形成的原因，既有历史（甚至是新中国成立前）遗留的，也有改革开放后新产生的；既有由国有企业所致，也有由乡镇企业造成，还有的是来自合资或私营企业的生产活动。根据主要污染物的类型划分，我国城市工业污染土地大致可分为以下几类。

一是重金属污染场地。主要来自钢铁冶炼企业、尾矿以及化工行业固体废弃物的堆存场，代表性的污染物包括砷、铅、镉、铬等。

二是持续性有机污染物（POPs）污染场地。中国曾经生产和广泛使用过的杀虫剂类 POPs 主要有滴滴涕、六氯苯、氯丹及灭蚁灵等，有些农药尽管已禁用多年，但土壤中仍有残留。中国目前农药类 POPs 场地较多。此外，还有其他 POPs 污染场地，如含多氯联苯（PCBs）的电力设备的封存和拆解场地等。

三是以有机污染为主的石油、化工、焦化等污染场地。污染物以有机溶剂类，如苯系物、卤代烃为代表，也常复合有重金属等其他污染物。

四是电子废弃物污染场地。粗放式的电子废弃物处置会对人群健康构成威胁。这类场地污染物以重金属和 POPs（主要是溴代阻燃剂和二噁英类剧毒物质）为代表。

二、污染场地对城市发展的影响

城市土壤是城市中人们从事社会生产活动的重要物质基础，是不可缺少、难以再生的自然资源。没有处理的城市污染场地将是化学定时炸弹，一旦大面积爆发将会对国家可持续发展造成难以估量的影响，因此必须对城市土壤污染的预防和城市污染土壤修复予以高度重视。

（一）影响人居环境质量

在大规模的城镇化进程中，出现了数以万计的化工、冶金、钢铁、轻工、机械制造等行业的企业搬迁而遗留的场地，成为城镇管理者和公众关注的焦点。

工业企业搬迁后，土壤由于受到挥发性有机污染物、重金属等多种污染物的长期污染，如果用地方式转变为绿化、娱乐等公共用地或居住用地，潜在的土壤污染问题将逐渐暴露出来，影响城市生活质量。如果对搬迁的污染场地的面积、数量、分布和危害程度缺乏了解，不进行风险评估，不加以治理修复，将对人居环境质量和居民健康造成显现或潜在的危害。

（二）影响水气环境质量

污染场地对土壤造成直接影响之外，对水体也有着巨大的危害，主要是由于污染物下渗迁移所致。即使已经对地表污染进行了彻底治理，由于场地污染深度可达 10 多米，污染物仍大量滞留在土壤中，污染物质不断地向周边环境连续释放，进而造成地表水及地下水的持久污染。例如，焦化厂土壤中强致癌化合物苯并芘、农药厂土壤中持久性有机污染物滴滴涕、铬渣堆放场地土壤铬含量及地下水中六价铬等浓度可以超标上千倍，甚至万余倍，这与通常发生在表层轻度污染的农田土壤污染状况有明显不同。

在挥发性或溶剂类污染物造成的污染场地中，这些污染物的浓度动态变化，迁移性强，容易迁出场外，还会挥发，污染空气，危及健康，因而需要及时阻断控制。

（三）威胁生态系统健康

污染物质的累积作用容易引起土壤结构与性质改变，进而影响植被、微生物群落变化，严重影响了土地的使用功能，甚至导致地表生态系统的退化，成为不毛之地，带来环境风险和生态系统健康问题。

三、污染场地治理面临的挑战

目前，无论对于政府、企业所有人、开发商还是当地社区，污染土地修复和再开发都是一个重要的挑战。在中国，行之有效地针对污染土地管理的制度和法规目前尚在逐步建立和完善的过程中，适合中国实际、费用效益好的修复技术开发仍然处于起步阶段。

（一）土壤污染形势严峻

2008 年，环境保护部强调了中国目前土壤环境及管理面临的严峻形势，指出：中国部分地区土壤污染严重，其中以工业企业搬迁遗留遗弃场地为主；土壤污染类型多样，呈现出新老污染物并存、无机有机复合污染的局面；由土壤污染引发的农产品质量安全问题和群体性事件逐年增多，成为影响群众身体健康和社会稳定的重要因素；土壤污染途径多、原因复杂、控制难度大；土壤环境监督管理体系不健全，全社会土壤污染防治的意识不强；风险和"暴露"成为亟待解决的重要问题。

根据《全国土壤污染状况调查公报》，全国土壤总的超标率为16.1%，其中轻微、轻度、中度和重度污染点位比例分别为11.2%、2.3%、1.5%和1.1%。污染类型以无机型为主，有机型次之，复合型污染比重较小，无机污染物超标点位数占全部超标点位的82.8%。从污染分布情况看，南方土壤污染重于北方；长江三角洲、珠江三角洲、东北老工业基地等部分区域土壤污染问题较为突出，西南、中南地区土壤重金属超标范围较大；镉、汞、砷、铅4种无机污染物含量分布呈现从西北到东南、从东北到西南方向逐渐升高的态势。

（二）居民健康风险巨大

原国家环境保护总局早在2004年下发通知，要求企业搬迁后对原有场地变更用地方式时，应对场地污染进行监测和评估，对污染的场地应当治理修复，但是目前我国污染场地由于治理缺位，带来了极大的健康安全隐患。①部分污染场地未经污染风险评估与修复已用作居住地和商业用地开发利用；②随着城镇化进程和空间规划调整，部分工业企业搬迁后或已经停产的污染场地正面临再开发利用，或未经过风险评估与修复正在开发利用；③由于企业倒闭、破产等原因，部分企业遗留或搬迁后的污染场地处于无人监管的状态；④部分污染场地仍然处于原来的利用方式；⑤只有极少量场地经过简单的风险评估和治理后，开发为居住用地。污染场地已经成为城市土地开发利用中的环境隐患，城市人居环境安全问题令人担忧，亟待开展风险评估与修复治理。

（三）适用技术相对缺乏

近年来，在政府财政支持下，中国开展了多个类型场地的修复技术设备研发与示范项目。尽管可以罗列的土壤及地下水污染的修复技术很多，但实际上经济实用的修复技术很少。中国目前应用比较成熟的修复技术是以挖掘后异位处理处置为主，包括填埋和水泥窑共处置技术等。多种原位修复技术尚处于研究开发阶段。

中国目前已开展的修复与再开发试点和示范场地尚为数不多，已开展的场地修复工作大多充分借鉴国外相关经验，有些场地的修复是国内有关机构联合国外环保公司、科研机构共同完成的。已开展的场地修复类型已基本涵盖了目前已知的主要类型，如化工场地、采矿业和冶金业场地、石油污染场地、农药类场地和电子废弃物场地等。从修复技术上看，使用比较成熟的技术主要是异位的处理处置，包括挖掘—填埋处理和水泥窑共处置技术等，还有相当一部分修复技术与设备在研究开发之中，如生物修复技术和气相抽提技术等，特别是一些原位的修复技术，都还处于试验和试点示范阶段。国内先行开展试验与示范项目的省市有北京、上海、重庆、浙江、江苏和沈阳等。

中国土壤修复市场目前尚处于实验阶段和市场培育阶段。一些国内及国外环保企业积极开展土壤修复工程实践，并对土壤修复市场进行培育。发达国家开展土壤修复早于中国几十年，在污染土地修复治理方面，已经开发了多种较为成熟的技术，积累了大量宝贵经验，形成了一个产业。中国应该充分利用世界先进的技术和设备，积极与土壤修复产业发达的国家开展技术合作，尽快推动土壤修复技术的进步与市场的完善。

（四）治理责任界定不清

中国由于土地资源紧缺，适于开发利用的新土地很难找到。因此，大量污染场地面临再开发，其中一个重要的问题就是，土地清理后新的开发商购买和开发后的责任界定。对于污染场地的历史污染者和未来开发商来说，责任问题都必须清楚地解决。而责任的界定对于清理后污染场地的出让价格和开发都具有重要影响。责任界定不清楚，开发商在对污染场地进行大规模投资时就会存有顾虑。

（五）治理资金投入不足

污染土地修复治理费用很高，资金问题成为很多污染地块再开发的主要障碍。因此，污染土地治理和开发资金筹措有赖于合适的资金机制建立。一种包括激励机制和基金制度在内的合理的资金机制，对于污染土地的修复和再开发至关重要。一些财政手段，包括环境税收、清理补贴、贷款、担保和市场许可等，对于建立一套行之有效的管理体系都是十分必要的。中国不论在中央还是地方，目前还没有像超级基金和污染场地修复基金这样专门用于修复治理污染场地的基金计划。对于已知责任的污染场地，尚没有明确用于治理的资金渠道；对于未明确责任的污染场地，更没有专门的配套资金用于这些污染场地的修复和综合整治，资金机制亟待完善。"污染者付费"原则在实践中应该加以深入研究，还可从美国超级基金法案到污染土地法案的转变中汲取经验教训，以便开发出一套合理的可操作的污染土地管理体系。

专栏 6-1　北京、武汉的污染场地事件

北京宋家庄地铁站事件：2004 年 4 月 28 日，北京宋家庄地铁站施工过程中发生一起中毒事件。宋家庄地铁站所在地点原是北京一家农药厂厂址，始建于 20 世纪 70 年代。尽管该厂已搬离多年，但仍有部分有毒有害气体遗留在地下。当挖掘作业到达地下 5 m 处时，3 名工人急性中毒，后被送往医院治疗，该施工场地随即被关闭。之后北京市环保局开展了场地监测并采取了相关措施，污染土壤被挖出运走进行焚烧处理。该事件标志着中国重视工业污染场地修复与再开发的开始。（来源：新华社《瞭望》周刊 2009 年第 9 期）

武汉三江地产项目场地：2006 年，在华中最大的工业城市武汉，一块面积 280 亩的地块被售予三江地产进行住宅开发。该土地位于汉江沿岸，靠近汉江入长江处，具有非常高的开发价值。然而，4 年之后，该场地空空荡荡，当初规划的建设并没有实施。其原因是项目开工后不久发现土壤中含有大量的残余杀虫剂。几名建筑工人中毒，被送往医院治疗。土地出售方武汉土地储备中心由于在土地交易前未能充分开展场地评估和信息公开，已向三江地产赔偿 1.2 亿元人民币。该块场地的修复费用可能达数亿元人民币。（来源：《时代周刊》2010 年第 10 期）

第二节 污染场地治理的国际经验

由于处理好污染场地对环境与可持续发展具有长远益处，所以各国政府制定与实施不少环境与经济方面的宏观计划与实施细则，并通过政策扶持、资金注入、税收减免、交通引导、保险保障、基建投资等途径大力支持和引导污染场地再开发。但在目标、方法、手段、过程等方面，各国的污染场地再开发策略存在差异。

一、美国：超级基金场地管理制度

美国是世界上最早将污染场地管理政策作为政府的行政职责和法律义务的国家之一。为了保护环境质量或公众健康，美国在 1980 年颁布了《环境响应、补偿与义务综合法案》（常称为超级基金法案）。在过去 30 多年的时间里，美国在这一法案的指导下，制定和完善了包含环境监测、风险评价和场地修复在内的一整套标准的管理体系，建立了超级基金场地管理制度。

超级基金管理制度授权美国环境保护局对全国的污染场地进行管理。按照"污染者付费"的原则，美国环境保护局责令污染场地的"潜在责任方"（包括危险废物产生单位的拥有者或者经营者、排放或处置废物时的管理者、污染场地当前业主以及运输危险废物和进行处理处置的机构和个人等）支付全部的修复费用。

1986 年出台《超级基金修订与再授权法》，主要内容是污染地块购买者责任保护条款和其他新的责任免除条款，如城市固体废弃物免除等。美国环保局是美国在污染场地再开发问题上的核心力量和最高指导中心，在 1995 年发布了《污染场地行动议程》，鼓励私人投资者进入污染场地再开发领域，并发布了土地利用导则，提供污染场地未来用途方面的信息。1996 年美国环境保护局发布土壤筛选导则，建立土壤清除标准，为鉴别厂址是否适于修复建立风险评估方法和标准。1997 年颁布《纳税人减税法》用于管理污染场地污染整治方面的开支，在治理期间，免征所得税。2000 年美国环境保护局实行污染场地经济振兴计划，对污染场地的评估论证与整治活动给予补助，成立污染场地周期性贷款基金，制定工作培训计划和协同合作等。2002 年美国颁布《小企业责任减免及污染场地再生法》，旨在减轻某些小企业主的"超级基金"责任，进一步明确勤勉义务的范围，授权拨款用于建设和加强"污染场地"整治计划。

美国是污染场地治理最积极的倡导国和实践国，从上至下已形成了一个良好的污染场地再开发运行机制。再开发实践上的巨大成功，与美国政府从法律、金融政策等方面对这一策略的大力扶持是分不开的。

专栏6-2　美国的拉夫运河事件

1976年，美国纽约州尼亚加拉瀑布城发生了拉夫运河事件（Love Canal Incident），这是污染场地发展史上最早和影响最大的化学污染泄漏事件之一。1943—1953年，美国胡克化学公司（Hooker Chemical，后被美国西方石油公司购并）将大约2万t的化学物质废料封存入铁桶中放入拉夫运河。公司以运河的底部作为防水的衬底来堆放化工生产的废弃物，之后又用泥土封住了运河的顶部。1953年4月28日，胡克化学公司将这块大约6.5万m^2的地块以1美元的价格出售给了尼亚加拉城的教育委员会，并以条约的形式指出这一地区存放有化学品生产过程中产生的废弃物。1954年，教育委员会开始在此地建造第99街小学（99th Street School），当建筑人员发现埋藏有化学药罐之后，决定将学校改建在北面26m远的地方。1955年学校竣工。举行了有大约400名学生参加的开学典礼。1976年初，两名来自当地《尼亚加拉公报》的记者开始调查拉夫运河地区居民反映的异味问题，随后纽约州和联邦政府的环保部门也介入调查。调查结果表明，拉夫运河地区大约存在着82种化学复合物。其中有若干种可能会导致人或动物罹患癌症。拉夫运河事件在美国国内和国际社会造成了重大影响。胡克化学公司的母公司西方石油公司为清除污染物、撤离居民等事项支付了1.29亿美元的费用。1980年，在拉夫运河事件的促动作用下，联邦政府通过了《综合环境应对、赔偿和责任法》（Comprehensive Environmental Response Compensation and Liability Act，CERCLA），即《超级基金法案》（Superfund Act），该法案强制污染者为清除污染场地的废弃物和新产生的废弃物付费。

二、英国：污染场地分层管理

英国从20世纪70年代就开始关注污染场地问题，是欧洲最早进行污染场地管理的国家之一。在污染场地的管理上，英国以重新开发利用作为出发点，保护当地政府、开发商、商业从业者和国库的经济利益，利用以市场为驱动力的开发过程让污染场地重新发挥经济效益。

英国的几个主要税收政策激励人们从对绿地的开发转向对污染场地的治理和再开发。2001年国内税务局颁布减免税，该税法规定对治理污染土地的公司减免部分增值税。英国许多地区都制订了资金援助计划，如为了治理废弃的建筑物，废弃物援助计划给予现存废弃建筑物100%资金援助，使其从社会、环境、经济这几个方面可再利用。英国的环保法律对污染场地的清理责任做了限定，减少了约束与过多强制性清理义务，以免对房地产市场产生负面影响。

另外，英国也通过立法强化对污染场地治理的责任。《城镇和乡村规划法案1990》《规划政策导则第23条》《环境保护法案1990》和《环境法案1995》是英国污染场地管理体系建立的核心法规。依据这些法规，环境署对污染场地的管理提供指导原则，资助技术研究和编撰全国层面的场地管理报告；地方政府行使污染场地管理和规划的权力，负责对其管辖范围内的污染场地进行识别，与污染责任方共同讨论治理措施；开发商在遵循地方政府规划部门的规定的前提下自愿对污染场地进行治理。

英国污染场地的治理采用"污染者付费"的原则。所以，任何对场地造成污染的个人或集体都将被视为场地管理的责任方；对于无法找到污染者的（水污染除外），场地目前的所有者或经营者将代替承担责任。

分层管理是英国污染场地管理的典型特点。从污染场地识别到治理行动实施，英国基于风险管理的方法，对人类和生态系统进行健康风险评估：

第一层，采用合理的概念模型确定污染物、受体和途径之间的相互关联；第二层，通过污染场地暴露评估模型获得各暴露参数总体的风险概率，计算出用于判断是否采取进一步修复行动的土壤指导值，对污染场地进行优先次序排列；第三层，根据详细的定量风险评估，确定场地污染的严重程度和进行修复的时间。场地修复的标准满足"适应于应用"的原则，即满足未来规划土壤用途的要求，同时考虑重新利用和开发过程中的潜在污染。

英国把对污染场地（指广义污染场地，即过去已开发用地）的重新利用放在最优先考虑的位置上，并作为城市复兴计划的一部分，以此来提升城市环境质量，减轻乡村土地开发的压力。

专栏 6-3　2012 年伦敦奥运会土地大清洗

英国伦敦申请获得 2012 年奥运会主办权后，就计划要办成一次可持续性的奥运会。可持续发展的理念使英国在进行奥运场馆的选址时，将目光投向荒废的工业地段。伦敦奥运会场选在伦敦的东部，其中奥林匹克公园选址在伦敦东部斯特拉特福德的垃圾场和废弃工地上，这里曾受到上百年的工业严重污染。为了重新使这里的生态恢复，伦敦政府采取了前所未有的浩大工程，将所有土地重新清洁一次。有毒土壤被挖起"清洗"，以去掉污染成分。这项工程是伦敦历史上最大的一次泥土清洁工程。

奥林匹克公园所在的这块 2.5 km^2 土地是曾被严重污染的垃圾填埋场和工业园区，伦敦市政府旨在通过这一项目改造老城区，体现环保用意。英国环保署官员表示，经过调查显示，这块土地上的工业污染物包括石油、汽油、焦油、氰化物、砷、铅和一些非常低含量的放射性物质。并且已有大量有毒工业溶剂渗入地下水，一些重金属甚至渗入地下 40 m 的地下水和基岩中。

自 2006 年 10 月以来，伦敦政府对该块土地的污染情况进行了接近 3 000 次的现场调查，制订了详细的恢复生态计划。

首先，在这块土地上超过 200 栋建筑被拆除，其中按重量计算 97% 的材料被回收投入重新利用。接下来，接近 100 万 m^3 的受污染泥土，使用了创新技术进行清洁，包括泥土清洗和生物降解法。在奥林匹克公园的范围，建起了两座土壤修复工厂。有毒的土壤被挖起，运进巨型土壤"洗衣机"，分离掉沙子和碎石，然后清洗提炼出污染物。再后，用超大"电磁铁"分离掉重金属。清洗完的土壤要经过严格的测试和实验室的检测来评估其清洁程度。这项工作的负责人表示，清洗过的土壤即使被小孩不小心吞下都不会有问题。

2010 年 6 月，据伦敦奥运会官网报道，奥林匹克公园内 85%的土壤被净化，近 2 万 t 被污染土壤已被清理一新。这成为伦敦历史上最大的一次泥土清洁工程，伦敦奥运会奥林匹克公园总工程师 Saphina Sharif 说"这一项目，并不仅仅是为了奥运会。"（网易新闻，2012）

三、加拿大：污染场地信息化

自 1989 年起，加拿大政府通过了《国家污染场地修复计划》《加拿大环境保护法》《加拿大推荐土壤质量导则》《加拿大制定污染场地土壤质量修复目标值的导则》等一系列的法律法规，采用连贯的方法对联邦辖区内的污染场地开展系统和规范化的管理，推进由联邦政府负责的污染场地的修复行动。加拿大各州和地区同时也颁布适合本区域污染场地管理的法规政策，采用更为灵活或非强制性的行动指南对污染场地进行修复管理。纵观加拿大不同省份的法规，大多数都对污染场地的责任方有如下的界定：污染者付费原则、污染者责任可追溯力和非污染者可能被追究责任。

加拿大对联邦所有的污染场地实行十步管理流程，即识别可疑场地、场地历史调查、初步采样测试、场地分类、详细采样测试、场地再分类、制定修复管理措施、实施修复管理措施和确认采样与最终报告。其中，加拿大部长委员会出台了污染场地国家分类系统，用于优先管理的污染场地的划分和筛选。经过十几年的发展，加拿大于 2002 年建立了联邦污染场地名录数据库，实现了污染场地管理的信息化和网络化。2008 年，污染场地国家分类系统又基于长期积累的场地管理经验和技术进行了更新和修订，进一步趋于完善。

污染场地国家分类系统采用各评价因子（包括污染特性、潜在迁移和暴露 3 类，共 16 个）直接相加的方法对污染场地的污染程度和潜在污染风险进行评分；根据不同的分值范围，将污染场地分为高度、中度和低度需要优先采取行动的场地、非优先采取行动的场地和资料不足的场地。这种分类机制有较为全面的评价因子，但是忽视了各评价因子之间相互影响的关系。

四、欧盟：污染场地的多方合作

欧洲大陆方面（尤其是在欧盟的传统工业大国中），传统工业区中的污染场地问题在过去十多年中引起了各界的高度重视。欧盟把土壤保护战略列入其第六次环境行动计划（Environment Action Programme，EAP）的七个主题之中。欧洲委员会于 2002 年提出了"面向土壤保护的主题战略"，论述了进行更好的土地保护的必要措施，这对国家一级的土壤战略，尤其是污染场地再开发具有深远的影响。2006 年欧委会提出了《土壤保护主题战略》（Thematic Strategy for Soil Protection），这为欧盟出台综合的土地保护政策迈出了重要一步（Vanheusden，2007）。在欧委会引导下，欧洲各国政府通过国家援助、大区域范围内的规划、公私合作治理、建立半官方机构处理被遗弃地产及大规模资助治理计划等方式，在污染场地治理与再利用方面扮演了积极的角色，并且取得了相当成效（Sousa，2000）。

德国工业场地开发利用走过了污染—治理—预防的道路，即由技术性和应激性转为政策性和预防性的场地开发政策。污染场地再开发基本原则主要包括赔偿、预防和合作原则。为了有效地使用土地，德国有关法规要求，尽量利用已开发土地服务于更多使用需求，而不是增加新的建设用地。根据德国的土地利用法规，对污染场地资源与产业进行再开发和管理由地方当局来控制，由 11 个城市政府和 42 个教区组成的鲁尔地区联盟（RVR）是区域污染场地再生行动的重要参与方。由于土地规划已经在制定过程中，城市当局得以把更多的注意力集中到污染场地再生问题上来。

五、日本：强调土地所有者责任

东京都铬渣污染事件引起了日本对污染场地问题的关注。随着污染场地问题的不断出现，日本颁布和修订了相应的法律。2002 年颁布的《土壤污染对策法》是日本污染场地治理最具影响力的一部法律。它强调了土地所有者的责任。日本污染场地治理遵循"出现污染—立法—依法进行监测—公布监测以及治理结果—进行跟踪监测、趋势分析、制定防止对策"的模式。在污染场地治理基金的主要来源中，日本的法律强制土地所有者清除污染的责任，不论污染者是否明确、有无资力，土地所有者都承担补充责任，承担无过失责任和溯及责任，但是在污染者之间无特别联系的情况下，不采用连带责任。

第三节 污染场地管理的对策与措施

将我国污染场地的相关政策与国外污染场地治理与开发政策相比较，发现我国关于污染场地的政策、法律法规比较零散，表明我国对污染场地再开发不够重视，对污染场地的研究没有形成一定的理论体系，更没有针对性政策去指导污染场地治理与再开发，不利于对污染场地的再利用。随着我国工业发展的加速和城镇化进程的加快，城市产业结构面临重组、城市空间布局需要调整，我国污染场地再开发面临挑战。为了我国在污染场地治理过程中少走弯路，应借鉴国外污染场地治理与再开发政策经验，结合我国土地管理方式，有效解决我国污染场地治理出现的问题。

一、严格工矿企业环境监管，减少新增土壤污染

（一）加强土壤污染的工业来源控制

工业污染防治要协同推进水、大气、土壤环境保护和综合治理，严格限制采用土地处理系统处理重金属等有毒有害物质的工业废水。处理处置废气、废水过程中产生的固体废

物，不得随意堆放或倾倒，必须设置专门的堆放场所并采取有效的措施防止污染土壤。完善现有行业清洁生产标准，将土壤环境保护纳入强制性清洁生产审核内容。

严格环境准入，按照"不欠新账，多还旧账"的原则，严格执行国家规划环评和项目环评的有关政策，在涉及排放重金属、持久性和挥发性有机污染物的项目环评和规划环评文件中强化土壤环境影响评价的内容，防止在产业结构和布局调整过程中造成新的土壤污染。对新增工业用地，土地使用权人应按照国家有关规定开展土壤环境调查评估，并在所在地地市级环保部门备案。自 2015 年起，未开展调查与评估备案的，环保部门不得批准涉重金属、持久性和挥发性有机污染物的建设项目以及化工园区类规划的环境影响评价文件。

严格环境执法，加大对排放重金属、有机污染物的工业企业的监督检查力度，并对其周边开展土壤环境质量监测，对造成土壤严重污染的工业企业实行限期治理。

（二）控制交通运输对土壤造成的污染

合理规划交通干线布局，严格交通项目环境影响评价中的土壤环境保护要求。合理确定交通干线两侧的农作物种植结构，严格控制在交通干线两侧种植瓜果蔬菜。提升燃油品质，控制油品中重金属含量，禁止生产销售不合格油品。加油站经营者应当采取措施防止出油设施油品渗漏以及加油过程中油品的挥发、遗撒、渗漏。

（三）加强废物处理处置活动的土壤环境监管

规范污水处理厂污泥处理处置，建立污泥处理处置全过程管理制度。重金属超标的污泥要按照危险废物进行处理处置，不得进入生活垃圾填埋场。进入生活垃圾填埋场的污泥，要按照相关技术规范进行处理处置。

完善垃圾填埋处理设施防渗措施，对防护措施要定期进行巡护检查。2016 年前，各地要完成非正规垃圾处理场所的综合整治工作。加强危险废物、医疗废物、放射性废物集中处理处置活动的环境监管，防止造成周边土壤污染。合理处置废旧电池、灯管等有毒有害废物。废气电器电子产品、废旧汽车、船舶的拆解和处置活动，严禁采用焚烧、酸浸等可能造成土壤污染的方法或者使用的有毒有害物质。

二、强化工矿企业污染地块的环境风险管控

加强被污染地块环境监管，建立土地再开发利用的土壤环境强制调查制度，对被污染地块土地使用权人变更或开发利用为住宅、学校、医院、农用地、商业等用地的，各地要开展被污染地块环境调查、风险评估、治理与修复。未按有关规定开展地块环境调查，污染地块土壤环境质量不能满足住宅、学校、医院等用地要求的，不得核发土地使用证和施工许可证，禁止土地流转。经评估认定对人体健康有严重影响的被污染地块，应采取措施防止污染扩散，且不得用于住宅开发。

县级以上人民政府应以化工、焦化、有色金属冶制、电镀等典型污染行业为重点，定

期开展被污染地块环境调查和风险排查，划分风险等级，建立重点监管名录，提高对被污染地块的信息化管理水平。2015 年底前，各地要建立被污染地块档案制度。

三、开展污染地块的治理与修复，实施污染综合治理

（一）开展工矿企业污染地块的治理与修复

以化工、农药、石化、金属冶炼等历史遗留被污染地块为重点，以镉、汞、砷、铅、铬和多环芳烃等为主要治理污染物，采取物理、化学、生物等工程技术和管理措施，消除污染地块环境隐患，降低土壤污染造成的健康和生态风险。通过试点示范，建立被污染地块分类治理技术体系。至 2017 年，实施 100 个被污染地块治理试点示范项目。

（二）实施典型区域土壤污染综合治理

在浙江台州、湖北大冶、湖南石门、广东韶关、广西环江、贵州铜仁等地区，选择土壤环境问题突出的典型区域，按照"一区一策"的原则，采取工程技术、管理、经济等综合手段和措施，控制土壤污染来源、阻断土壤污染途径、消除土壤污染影响，使项目区域突出的土壤环境问题得到解决。

四、加强基础调查和能力建设，提升土壤环境监管水平

国家应建立土壤环境状况调查制度，提高各级污染场地环境监测能力。逐步完善国家、省、市、县四级土壤环境监测网络。加强市县土壤环境监测技术培训，提高地方土壤环境监测人员业务水平。建立全国土壤环境信息管理系统，逐步实现对各地土壤环境状况的动态管理。进一步完善和优化全国土壤环境背景点布局。设立土壤环境质量监测国控点位，完善土壤环境监测技术规范体系。2017 年底前，以耕地和集中式饮用水水源地为重点，完成第一期土壤环境质量监测国控点位布设。建成比较完善的国家土壤环境监测网络，形成土壤环境例行监测制度，对全国 90%的耕地和服务人口 50 万以上的集中式饮用水水源地土壤环境开展例行监测。

加快制定省级、地市级土壤环境污染事件应急预案，加强环境应急管理、技术支撑和处置队伍建设，定期组织培训和演练，配备必要的土壤环境应急救援物资和装备，加快省级、地市级和部分重点县级环保部门环境应急能力建设。

国务院有关部门要研究起草加强农村环保机构和队伍建设的指导性意见。结合地方人民政府机构改革，完善基层土壤环境管理体制，加强土壤环境监管职能和队伍建设。到 2017 年，各省级、地市级环境保护主管部门要设置土壤环境保护和综合治理专门机构，配备专职工作人员，加强人员业务培训。

五、加强政策引导，健全投入机制

（一）完善政策措施

研究出台扶持土壤环境保护产业发展的税收、信贷、补贴等经济政策，建立土壤环境保护优先区域及其周边落后产能退出机制，对重点行业和产品，完善并落实相关信贷税收政策。研究建立针对有色重金属矿采选、冶炼等企业可持续发展准备金制度，用于支持土壤污染综合治理等。各地要从土地出让收益中提取不低于10%的比例用于土壤环境保护和综合治理，充分发挥新增建设用地土地有偿使用费等土地整治资金的综合效益。

完善相关财政政策措施，对因调整种植结构、农作物减产等造成的损失，给予相应的补助，切实保障农民的利益；支持畜禽粪便资源化利用，扶持畜禽养殖业进行清洁生产，对资源化利用企业在粪便转运、加工处理、配方有机肥生产销售等环节给予支持。

探索土壤环境污染责任保险制度，对优先区域土壤具有污染风险的重点企业开展污染责任保险试点，上市公司环保核查应增加土壤环境核查内容。

（二）建立多元化资金投入机制

各级政府充分发挥政府公共财政的主导作用，在整合现有政策资源与资金渠道的基础上，逐步建立和完善土壤环境保护和综合治理的长效投入机制。将土壤环境监测、监管经费纳入各级政府财政预算予以保障。

国家统筹设立土壤环境保护和综合治理专项资金，资金来源主要包括中央财政投入和一定比例的土地出让收益等，主要用于实施"土壤环境保护工程"和"以奖促保"政策，重点支持耕地土壤环境保护、被污染耕地土壤风险管控、土壤污染治理与修复和土壤环境基础调查和能力建设等。

探索土壤环境保护投融资体制，鼓励民间资本和社会资本进入土壤环境保护和综合治理领域，引导银行业金融机构加大对土壤污染综合治理项目的信贷支持。

六、严格目标考核，落实政府和企业责任

（一）加强组织领导

国务院各有关部门要密切配合、协调力量、统一行动，形成土壤环境保护和综合治理的合力，建立由环境保护部门牵头，国务院相关部门参加的部际协调机制。环境保护主管部门要加强指导、协调和监管，有关部门要各司其职，共同做好土壤环境保护和综合治理工作。

地方各级人民政府要把土壤环境保护和综合治理纳入重要议事日程，建立政府主导、部门联动、公众参与、协同推进的工作机制，定期召开会议，督促检查行动计划实施工作，通报行动计划实施进展情况，及时研究解决存在的问题。

（二）强化企业责任

企业是土壤环境保护和综合治理的责任主体，要按照环保规范要求，加强内部管理，增加资金投入，采用先进的生产工艺和治理技术，确保达标排放。要自觉履行土壤环境保护和综合治理的社会责任，接受社会监督。从事生产经营活动影响土壤环境质量的企事业单位和个人，应当采取有效措施，保护和改善土壤环境，防治和减少土壤污染，并承担相关费用。

造成地块土壤污染的单位因改制或者合并、分立等原因发生变更的，依法由承继其债权、债务的单位承担被污染地块土壤环境调查、风险评估和治理修复责任。造成地块土壤污染的单位因破产、解散等原因已经终止，或者无法确定权利义务承受人的，由有关地方人民政府依法负责被污染地块的土壤环境调查、风险评估和治理修复。

企业要加强对生产、经营过程的环境管理，建立主要污染物台账，完善环境应急组织和管理体系，定期排查整治土壤环境安全隐患，建设必要的土壤环境风险防控设施，储备必要的土壤环境应急处置物资，按规定编制和报备突发环境事件应急预案，定期开展环境应急演练。

因生产、经营活动导致企业用地土壤环境受到严重污染的，要采取有效措施防止污染扩散，避免对地下水和周边土壤环境造成影响，并依照国家有关规定承担土壤污染治理与修复的责任。

（三）引导公众参与

制定土壤环境信息发布管理办法，规范土壤环境信息发布，建立土壤环境监测信息报送和统一发布制度，及时公布土壤污染状况调查结果。2016 年底前，国家建立土壤环境监测信息管理平台。

加大土壤环境安全宣传教育力度，充分利用新闻和社会媒体，宣传土壤环境保护的重要性，普及相关科学知识和法规政策。把土壤环境保护宣传教育融入学校、工厂、农村、社区等环境宣传和干部培训工作，通过热线电话、公众信箱、社会调查等方式及时了解公众意见和建议，鼓励公众积极参与土壤环境保护，保障公众的表达权、知情权、参与权和监督权。

（四）严格目标考核

国家实行土壤环境保护和综合治理目标责任制，将土壤环境保护和综合治理目标完成情况作为对地方人民政府及其负责人考核的内容。地方各级人民政府对本行政区域内的土壤环境保护和综合治理工作负总责，要根据国家的总体部署及控制目标，制定本地区的实施细则，国务院与各省（区、市）人民政府签订土壤环境保护和综合治理目标责任书，将行动计划的目标任务分解落实到地方政府。国务院制定考核办法，每年初对各省（区、市）上年度行动计划任务完成情况进行考核。考核和评估结果报经国务院同意后，向社会公布，作为对领导班子和领导干部综合考核评价的重要依据。对未通过年度考核的省（区、市），由环保部门会同组织部门、监察机关等部门约谈党委、政府相关部门有关责任人，提出整改意见，予以督促。对工作不力、整改不到位等导致土壤污染事件频发的，要严格进行责任追究，由监察机关依法依纪追究有关单位和人员的责任。由环保部门对有关地区和企业实施建设项目环保限批，并取消国家授予的环境保护荣誉称号。

参考文献

EPA. A Survey of Household Hazardous Waste and Related Collection Programs[R]. Washington，DC：EPA，Office of Solid Waste and Emergency Response，1986.

LUO Y M，CHEN M F，SONG J，et al. Proceedings of the 1st international workshop on site remediation：policies，technologies and financing mechan ism[C]. Nanjing，2010.

Tufts University，Center for Environmental Management. State Level Household Hazardous Waste Laws and Regulations，1981- 1987[C]. Handout at Second National Conferenceon Household Hazardous Waste，CA，1987，11：2-4.

Tufts University，Center for Environmental Management. Summary of the First National Conference on Househ old Hazardous Waste Collection Programs[R]. Medford，MA：Tufts University，1986.

曹康，金涛. 国外"污染场地再开发"土地利用策略及对我国的启示[J]. 中国人口·资源与环境，2007，17（6）：124-128.

曹康，姚宇. 基于弹性脱钩的中国减排目标缺口分析[J]. 中国人口·资源与环境，2007，17（6）：124-129.

陈刚. 我国医疗废物可持续管理措施探讨[J]. 环境保护科学，2010，36（2）.

仇念文，孙建迎，钟杰，等. 加强危险废物管理创建"绿色"环保实验室[J]. 实验室科学，2009（4）.

电子废弃物处理与资源化技术概述 http://wenku. baidu. com/link？url=G1I86dxkoEjzPREHkZ 57KX3gv5Ja9Ung8ATAZDMf4a5bqOUKv40YAU5v4LrWiciu3QMqgf8Pa0qtKeAWII4kFoETGfflJg-hwNH7d qojMQu.

电子废弃物的危害及处理新方法 http://wenku. baidu. com/link？url=HKUGcy7CIsFhDOy9ru4cP3 PEJAnGKJb8UkLnUS4270bdu2n8CT3P9Ta9Z9KAJJB1LvQsBF5gGpeqyCEPJHmOxVxP2IF6CUAt5LKchRw jfNe.

段红彪. 我国废铅蓄电池年产逾 260 万吨回收率不足 30%[N]. 经济参考报，2013-12-23.

关于征求《土壤环境保护和综合治理行动计划（征求意见稿）》意见的函. 中华人民共和国环境保护部办公厅. 2013.

关于征求国家环境保护标准《污染场地术语》（征求意见稿）意见的函. 中华人民共和国环境保护部. 2011-06-02.

贺荣，殷培红，杨宁. 废弃物领域协同减排是实现温室气体减排的重要途径[J]. 中国环境管理，2011（4）：33-34.

贺蓉，殷培红. 废弃物协同减排能否"西策东渐"[J]. 环境保护，2011（18）：68-69.

黄涛. 邻避运动：是发展之痛，更是进步之阶[N]. 中国青年报，2014-07-07（2）.

荆莹. 谈汽车维修废弃物的处理和回收[J]. 汽车工业研究，2011（7）.

据《环球时报》网易综合报道. 中国电子垃圾产量全球第二[N]. 中国民航报，2014-02-05（10）.

李前喜，同本真一. 日本的医疗垃圾处理系统[J]. 中国环保产业，2004（增刊）.

李晓. 德国医疗垃圾的管理及处置[J]. 研究与探讨，2006（4）.

李晓明，林楚娟. 电子废物的现状与处置途径[J]. 广东化工，2012，39（7）.

梁文. 沈阳市家庭危险废物调查及管理对策[J]. 环境卫生工程，2008，16（6）.

路树立，邢华. 我国汽车维修行业危险废物及处置研究[J]. 中国环境管理，2003，22：104-105.

骆永明. 中国土壤环境和土壤修复科学技术研究现状与展望[R]. 中国科技协会. 土壤学学科发展报告. 北京：中国科学技术出版社，2011：134-136.

骆永明. 中国土壤环境污染态势及预防、控制和修复策略[J]. 环境污染与防治，2009（12）：27-31.

骆永明. 中国污染场地修复的研究进展、问题与展望[J]. 环境监测管理与技术，2011，23（3）：1-2.

骆永明. 中国主要土壤环境问题与对策[M]. 南京：河海大学出版社，2008.

聂丽. 美国医疗废弃物管理对我国的启示[J]. 中国卫生事业管理，2014（3）.

陶鹏，童星. 邻避型群体性事件及其治理[J]. 南京社会科学，2010（8）.

王爱莲，李少东. 我国城市生活垃圾现状及处理技术研究[J]. 西安石油大学学报：社会科学版，2011，21（2）.

王东，罗启秀，孔令丰，等. 光污染防治立法的研究及探讨[J]. 环境科学与管理，2011-2，36（2）：37-38.

王亚军. 光污染及其防治[J]. 安全与环境学报，2004，4（1）：57-58.

网易新闻. 英国人如何清理脏土[EB/OL]. http://discovery. 163. com/special/mudcleanup/.

禤金彩，龙寒. 普通高校实验室危险废物处置的现状与对策思考[J]. 实验室科学，2014，17（1）.

薛春璐，周伟，郑新奇. 国外污染场地治理与再开发政策对我国污染场地利用的启示[J]. 资源与产业，2012，14（3）：143-145.

杨建峰. 电子废弃物的危害与回收处理[J]. 产业与科技论坛，2010，9（2）.

杨新兴，尉鹏，冯丽华. 环境中的光污染及其危害[J]. 前沿科学，2013，7（25）：16-19.

杨雪丽，王月红. 浅谈城市固体废物处理[J]. 环境科技，2008，21（增2）：98-100.

姚薇. 我国医疗废物处理的现状及改进措施[J]. 中国环境管理干部学院学报，2010（20）.

张龙，陈炜，钟声浩. 国内外电子废物管理法规比较初探[J]. 上海环境科学，2008，27（5）.

张霞，黄启飞，花明，等. 家庭危险废弃物管理探讨[J]. 环境科学与技术，2008，31（4）：30-31.

张艳萍，等. 1亿节能灯集中报废谁来"排弹"？[N]. 云南信息报，2012-12-06.

张英民，尚晓博，等. 城市生活垃圾处理技术现状与管理对策[J]. 生态环境学报，2011，20（2）.

郑晓迪. 城市建设中棕地再生的五个层级——从全球到建筑单体[J]. 生态城市与绿色建筑，2014（4）：57-61.

中华人民共和国环境保护部、商务部、国家发展和改革委员会、海关总署、国家质量监督检验检疫总局. 固体废物进口管理办法[Z]. 2011-08-01.

中华人民共和国环境保护局. 排放污染物申报登记管理规定[Z]. 1992-08.

中华人民共和国环境保护总局. 国家环保总局危险废物出口申请与审批管理办法[Z]. 2006.

中华人民共和国环境保护总局. 危险废物转移联单管理办法[Z]. 1999-10-01.

朱涵. "毒地"管治亟待步入精细化[J]. 半月谈，2015（2）.

致 谢

　　本书是环境保护部行政体制与人事司"环境保护人才队伍建设——环保干部教育培训"项目生态文明建设系列教材的第二件成果。在本书整个编写过程中，得到环境保护部行政体制与人事司、环境保护部环境与经济政策研究中心领导的关心和支持，以及中共中央党校、中共江苏省委党校、南京市环境保护科学研究院、南京信息工程大学和阿特金斯城市规划与咨询事业部相关专家的大力协助。环境保护部环境与经济政策研究中心夏光主任、原庆丹副主任对本书进行了指导和审定，提出了许多建设性的宝贵意见和建议。李宗尧、殷培红、武翡翡对全书进行了统稿，李蓓蓓、马茜对全书用图进行了清绘。马茜提供了丰富的素材。在此，谨对所有给予本书帮助和支持的同志表示衷心感谢。